你当温柔且有力量

卡耐基教你优雅淡定做女人

[美] 戴尔·卡耐基◎著
云中轩◎译

江西美术出版社
JIANGXI FINE ARTS PUBLISHING HOUSE

图书在版编目（CIP）数据

你当温柔，且有力量 /（美）戴尔·卡耐基著；云
中轩译 . — 南昌：江西美术出版社，2017.5
ISBN 978-7-5480-4322-5

Ⅰ . ①你… Ⅱ . ①戴… ②云… Ⅲ . ①人生哲学 – 通
俗读物 Ⅳ . ① B821–49

中国版本图书馆 CIP 数据核字（2017）第 033448 号

出品人：汤　华
企　　划：江西美术出版社北京分社（北京江美长风文化传播有限公司）
策　　划：北京兴盛乐书刊发行有限责任公司
责任编辑：王国栋　康紫苏　刘霄汉　朱鲁巍　宗丽珍
版式设计：刘　艳
责任印制：谭　勋

你当温柔，且有力量

作　　者：（美）戴尔·卡耐基
译　　者：云中轩

出　　版：江西美术出版社
社　　址：南昌市子安路 66 号江美大厦
网　　址：http：//www.jxfinearts.com
电子信箱：jxms@jxfinearts.com
电　　话：010-82293750　　0791-86566124
邮　　编：330025
经　　销：全国新华书店
印　　刷：保定市西城胶印有限公司
版　　次：2017 年 5 月第 1 版
印　　次：2017 年 5 月第 1 次印刷
开　　本：880mm×1280mm　1/32
印　　张：7
ＩＳＢＮ：978-7-5480-4322-5
定　　价：26.80 元

前言
Preface

　　《你当温柔，且有力量》是收录戴尔·卡耐基写给女性的励志文章汇集而成。戴尔·卡耐基是美国乃至世界最有名的成功励志学大师之一。他的励志哲学中，有一半关于女人的励志哲学。这是因为：在戴尔·卡耐基去世以后，他的夫人桃乐丝·卡耐基和他的妹妹整理编撰了他留下的手稿，是成功学的继承者和光大者。她们两个人不但编撰了戴尔·卡耐基生前的大部分励志讲稿和著作，同时也加入了自己对于女人生活和心灵方面的独到见解——这些智慧，成了专门写给女人看的生活教科书，鼓励和激励着一代代女性的成长。

　　本书根据戴尔·卡耐基有关女人的励志思想，依据温柔却有力量的主题，由八个方面着手，给女性读者启示如何活得精彩的密码：一是爱是修行，女人应该懂得爱的方式；二是优雅是女人提升魅力的必由之路；三是做温柔和力量合二为一的女人；四是兰心慧质，要懂得淡定从容；五是女人需要提升自己的品位；六是做聪明女人，让人从内心喜欢你；七是善待自己人生才会完美；八是勇敢做自己，就能收获幸福和成功。

希望本书能够让现代女性在都市繁忙中静下心来，获得力量，在日积月累的压力下从灵魂上拯救自己。

本书是专门为女人量身定做的心灵励志书。书中说的，都是关于女人如何变得完美的事，从女性角度解读如何克服生活中所面临的困难，让自己做一个温柔却又有力量的女人。由此看来，这本书既是女人的生活常识必备手册，也是女人的品质修行工具包。

如果你对现状不满意，对各种鸡汤感到厌烦，何不看看这本书，从成功学的角度来找寻让你活得美丽漂亮的理由呢？

愿本书能够带给每一位读者温柔和感动、希望和力量，让每一位读者都收获幸福和成功。

目录
Contents

第一章　爱是修行，女人当懂得表达爱的方式

爱的表达方式有很多种，你要保护好自己 / 002

学会他一定爱听的 7 句话 / 005

女人要懂点表情和语调说服法 / 008

六个方法，让你学会倾听男人 / 010

真诚的赞美和激励，值得尝试 / 012

女人，别让讨论变成恶语争吵 / 014

情侣间更应该有话好好说 / 017

做到这些，女人永远不担心被丈夫落在身后 / 019

女人不化妆意味着什么 / 022

第二章　优雅处世，女人提升魅力的必由之路

学习居里夫妇看淡金钱的心态 / 026

善良女人一定要学会保护自身权益的课 / 029

艾薇尔女士与老公约法三章的经验分享 / 032

女人注意你的形象，才有未来 / 034

优雅女人会的 5 个用词造句的要点 / 037

世界上最能让你有魅力的两句话 / 040

尝试用一句话表达清楚你的魅力 / 042

快乐的源泉，也是你魅力的源泉 / 045

让女性魅力提升的一个辅助指数 / 047

第三章　你当温柔，且有力量

男人最爱温柔和力量合二为一的女人 / 050

女人渺小还是伟大，取决于对自己的认识 / 053

女人，你完全有能力做得比男人更精彩 / 055

向往的生活要自己去争取 / 057

自强但不争强，是一个女人获得幸福的元素 / 060

女人要敢于抗争，好日子不是忍出来的 / 062

初次见面就给人留下好印象的技巧 / 065

要懂得好老婆与愚蠢老婆的区别 / 067

英国女王伊丽莎白与老公的爱情糗事 / 070

女人不恋爱就等于背叛自己 / 073

第四章　兰心慧质，要懂得淡定从容

学会 5 种笑，让你气质非凡 / 078

冥想，能体验到更多喜悦、快乐和从容 / 080

聪明女人对付情敌的最高原则 / 083

懂得宽容是女人成熟的标志 / 085

说话不要太直，批评要先肯定优点 / 088

初次见面就给人留下好印象的技巧 / 091

留不住男人，留住风度吧 / 093

学会用美女的心态去迎接幸运之神 / 095

她们身上散发着一种迷人的气息 / 098

第五章　品位制胜，让女人美丽的法宝

学法国女人做个姿态优雅的美人 / 102

七个秘诀让女人魅力四射 / 104

做女人，要懂得用钱来宠爱自己 / 107

哪些兴趣爱好能增加女人的成就感 / 109

平凡女孩从头开始变得美丽动人 / 112

使一个平庸女人魅力倍增的唯一方法 / 114

优雅女人怎么站、怎么走和怎么卧 / 117

做一个招客人喜爱的成功女主人 / 120

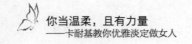
美丽的眼睛，能让花心男人变得专一 / 123

保持一定距离，才能维持爱情的久远 / 126

第六章　做聪明女人，让人从内心喜欢你

改变一个女人一生的一句话 / 130

柏拉图制服愤怒的一句名言 / 133

聪明女人最令男人着迷的地方 / 135

好莱坞明星琼·克劳馥的追梦历程 / 138

一个聪明女人用双手改变了现状 / 141

聪明女人就是会赞美 / 144

牢记：女人生命的物质守恒定律 / 147

女人自有女人的力量 / 149

你终将变成你所希望成为的那种人 / 151

做聪明女人，让丈夫更亲近你 / 153

第七章　完美人生，从善待自己开始

过度依赖男人为什么十分危险 / 158

女人，你该有自己的世界 / 161

人际关系专家罗维尔·汤姆斯的鼓励法 / 164

幸运不是等来的，而是自己创造的 / 166

女人要学会爱自己 / 168

上帝送给女人塑造美丽的礼物——睡眠 / 171

自由女人具有的 7 个共同特点 / 174

给自己一个改正错误的机会 / 177

善待智慧，把聪明用在最需要的地方 / 179

肯定自己，生活才会对我们微笑 / 182

自重自爱，女人关于性的 6 个不要 / 185

第八章　勇敢做自己，收获幸福和成功

是女人就应努力成为你自己 / 190

女人的主要工作，用小事创造幸福 / 193

卡耐基夫人：从自卑原因寻找超越的答案 / 195

女人怎样比男人更容易成功 / 198

做现实生活的积极参与者：越努力越成功 / 200

女人，你拿什么作为自己炫耀的资本 / 203

女人获得幸福的不二法门 / 206

一位母亲教女儿的把握幸福婚姻的秘诀 / 209

敢于自嘲自讽，反而显得豁达和自信 / 211

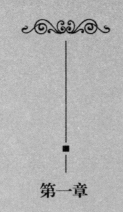

第一章

爱是修行，女人当懂得表达爱的方式

爱的表达方式有很多种，你要保护好自己

爱的表达方式有很多种，性爱只是其中的一种方式，未婚女人不要大意，一定坚守住女人的最后阵地，保护好自己，否则，一失足成千古恨。

在遇到真命天子之前，上天也许会安排女人先错误地遇到其他一些人。所以，女人不要轻易地将自己献出去。在等待某一个人真心爱自己之前，先要学会爱自己。

几乎每个女人都曾经有过这样的梦想：自己是一个漂亮的公主，然后与心目中的白马王子一起步入爱的殿堂，过上了童话般的生活。

可是，长大之后才发现，许多梦想仅仅是梦而已，那种公主王子的生活只出现在童话中，而自己只是一个灰姑娘。

灰姑娘也有自己的梦想，有自己的偶像。也许，对于你与梦中情人相遇的情景，你已经设想过无数遍。你期待着，

憧憬着，并按捺不住激动的心情。

某一天，在某一个场合，例如，校园门口、办公室、图书馆、咖啡厅、旅途中，你与他恰好遇上了。你们不费吹灰之力就熟悉了，两人之间的好感就如同流水一样，顺其自然，水到渠成，一切进展得那么快，让人猝不及防。

你的全身都汹涌着爱的激情，即使你是一个性格内向、比较传统保守的女人，可是，在炽热激烈的爱情面前，你还是有些把持不住自己。

在他脉脉温存的要求之下，你头晕目眩地答应了；或者在你毫无心理准备的情况之下，冲动的你不顾一切，终于打开了自己一直苦苦坚守的防线，把自己献给了他……

偷尝禁果的你，有些心跳不已。但是，你傻傻地坚信：他会对你负责的，会娶你为妻……

不要做梦了，在这个开放的时代里，这样的事情已经没有什么大不了的。只图享受，不求负责的人太多，谁还要求对谁负责？

大多数女人，是为了爱而性，而男人却不如此，他们可以将性与爱分开。

对于男人而言，把爱与性分开是一门艺术，但是，对于女人而言，把爱与性分开是一种耻辱。因此，你爱上了他，你心甘情愿地把自己献给了他，你开始幻想着美好的爱情可

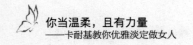

以继续甜蜜地维持下去，而对于他来说，性只是一种与女人交流的方式而已，并不完全是爱的表达。

当他决定离开你时，不要天真地以为，你的身体会留住他。这是不可能的，男人对于女人的身体永远具有探索不完的兴致与嗜好。如果你带给他的神秘消失了，他还会继续他的涉猎本性。

所以，不要痴心妄想，还是放手吧。与其整天守着一颗精美的定时炸弹，不如弃之，免得彼此毁灭。

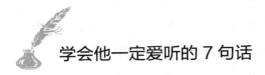

学会他一定爱听的 7 句话

　　女人总是习惯了听男人的甜言蜜语，却不曾对男人说过什么自感"肉麻"的话。其实，男人和女人一样，也爱听甜言蜜语。会说话的女人会适时地把自己的甜言蜜语送给他，博得他的欢喜和宠爱。

　　有人说，在爱情面前，男人较之女人更希望听到来自对方爱的表达。在现实生活中，男人作为家庭或者说未来家庭的保护神，除了承受社会、家庭、爱情等方面的压力，还要不时迎接自尊给他们带来的挑战。因此一个男人不管不顾地陷入爱情的时候，就是他最脆弱的时候。在这个时候，女人一句美言就能让他倍感关怀。

　　那么，什么样的话最能收服男人的心呢？请回顾一下，下面举出的这些话，你曾经对他说过多少？

　　（1）我爱你。是的，男人也爱听你说：我爱你，他爱听的理由其实也和你一样。如果想增添一点情趣，你还可以动用日语、法语、希伯来语……对他说：我爱你，而不是说：我也爱你。

（2）你真有智慧。如果一个男人夸一个女人智慧，好像就意味着她的长相有待商榷，可是如果一个女人对男人说，"你真有智慧"，男人则会很受用，因为相比较来说男人的智慧比帅气的外貌更值得自豪。尽管很多赞誉的话都是废话，谁不知道自己几斤几两呢？可是既然所有的人都爱听，那么它的存在就是不能被抹杀的。赞誉是一种动力和承认，也是一种找回或者增加自信的很好的凭借物。

（3）你真幽默。有幽默感的男人总是吃香的，只要他不是一个话痨或者小丑。幽默男人的周围总是一片欢声笑语，在这轻松的氛围中，你真诚地对他说："你真幽默。"想必他的内心也是欢喜的。

（4）你真大方。在我们这个物质生活还没有彻底地极大丰富的社会里，慷慨的男人还是缺货。因为很多时候男人在物质方面对自己的大方，就代表着对自己的爱。比如他花了半年的工资给你买了一个价格不菲的钻戒，这说明他非常在意你，而你在接受礼物的时候也不妨夸他一句"你真大方"。

（5）你真能干。他们努力让自己很出色，但是却少有女人对他说"你真能干"，不要那么吝啬，即便他没有你想的那么出色。

（6）你真绅士。随着年龄的增长，人会越来越成熟，可是不能说所有的成年人都是成熟的。成熟的男人和女人都散发着一种独特的魅力。所以，在某些时候，绅士就是对男人最好的赞美。

（7）你是天底下最棒的老公。爱护女人天经地义，爱护老婆责无旁贷。那么，如果他表现不错，比如主动帮助你做家务，你就要不失时机地对他说："你是天底下最棒的老公"，他听了不仅高兴，还会更加愿意做一名好老公。

当然，说这些甜言蜜语也是需要一定技巧的。只要你稍加留意，就会发现你最亲近的男人喜欢听什么，不喜欢听什么——这样一来，你多说对方喜欢听的，不说对方不喜欢听的也就是了。

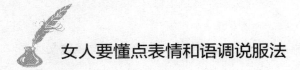

女人要懂点表情和语调说服法

一个会说话的女人，会通过自己的表情和语调来向对方传达自己的感情，以赢得对方的同情。

美国经济大萧条时期，19 岁的索菲娅很幸运地在一家高级珠宝店找到了一份销售珠宝的工作。这天，店里来了一位衣衫褴褛的青年人，只见那人满脸悲愁，双眼紧盯着柜台里的那些宝石首饰。

这时，电话铃响了，索菲娅去接电话，一不小心，碰翻了一个碟子，有六枚宝石戒指落到地上。她慌忙拾起其中五枚，但第六枚怎么也找不着。此时，她看到那位青年正慌忙地向门口走去。顿时，她意识到那第六枚戒指在哪儿了。当那青年走到门口时，索菲娅叫住他，说："对不起，先生！"

那青年转过身来，问道："什么事？"

索菲娅看着他抽搐的脸，一声不吭。

那青年又补问了一句："什么事？"

索菲娅这才神色黯然地说："先生，这是我的第一份工作，现在找工作很难，是不是？"

那位青年很紧张地看了索菲娅一眼，抽搐的脸才慢慢浮出一丝笑意，回答说："是的，的确如此。"

索菲娅说："如果把我换成你，你在这里会干得很不错！"

终于，那位青年退了回来，把手伸给她，说："我可以祝福你吗？"

索菲娅也立即伸出手来，两只手紧握在一起。索菲娅仍以十分柔和的声音说："也祝你好运！"

那青年转身离去了。索菲娅走向柜台，把手中握着的第六枚戒指放回原处。这原本是一起盗窃案，按照人们一般的处理方法，不外乎大喊大叫，设法抓住偷窃者。而这位索菲娅却用同情的面部表情和尊重的语调，说服了小偷，让他自己主动归还了戒指。

试想一下，如果索菲娅非常恼怒地呵斥小偷，能有这样的结局吗？绝对不可能。说不定她还会因此受到伤害。

说服力强的女人，能通过目光眼神来准确地反映她的思想态度。在某种情况下，一个眼神，是最佳的辅助说服方法，它能抵得上千言万语。在使用目光眼神时，视线的方向、注视的频度以及目光接触的时间长短都要适度。目光接触的时间长短，能反映出与对方的亲密程度。

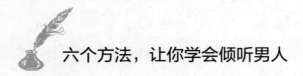

六个方法，让你学会倾听男人

不少妻子在谈话中并没有学会倾听，出现了很多妨碍对方沟通的现象：一是当老公说话时她在想着自己下面要说什么。二是根本没有听进去，因此答非所问。三是把对方的话当耳边风。

那么，我们该怎样去倾听呢？

第一，客观评定自己的特质倾向会对对方产生什么影响。"听者"要考虑到"说者"对自己的看法，因为它会影响到双方的沟通效果。

第二，在倾听对方时要防止两种倾向：一是多疑，这会对沟通做出最坏的解释。二是过分乐观，看不出对方实际存在的恶意。这两种情况都会曲解事情的真相，都不是良好的沟通形式。

第三，要"倾听"对方的感觉。学会倾听，最重要的是会倾听对方的感觉。一个人感觉到的往往比他思想的更能引导他的行为。愈不能注重人的感觉的真实面，就愈不会与人沟通。

第四，将对方的话背后的情感复述出来，表示接受并了解他的感觉。

第五，把"反馈"包含在倾听之内。你要验证一下你是否了解了对方："不知我是否理解你的话，你的意思……"之类的话相当有助于沟通。一旦确定了你对他的了解，就要给予积极的、实际的帮助和建议。否则，没有行动，空有帮助与了解之心也是徒然的。

第六，倾听要有诚心。只有诚心了解对方，就有可能和他建立亲密的关系。你要以一颗开敞的心灵去倾听。

学会倾听，并且要主动积极地倾听老公谈话。所谓倾听，意思是指对对方的感觉和意见感兴趣，并且认真地去听，积极地去了解对方，若有不明白的就问清楚。

真诚的赞美和激励，值得尝试

　　使男人进步的方法，并不是要求他，而是鼓励他。

　　我们应该怎样鼓励一个男人，使他成为他理想中的样子？要给他嘉勉和赞赏，要找出他能够施展出来的才华。

　　汤姆·强斯顿是个年轻的第二次世界大战退伍军人。汤姆·强斯顿在战争中受了伤，他的一条腿有点残疾，而且疤痕累累。幸运的是，他仍然能够享受他最喜欢的运动——游泳。

　　在他出院以后不久，有个星期天，他和他的太太在汉景顿海滩度假。做过简单的冲浪运动以后，强斯顿先生在沙滩上享受日光浴。不久他发现大家都在注视他。从前他没有在意过自己满是伤痕的腿，但是现在他知道这条腿太招眼了。

　　第二个星期天，强斯顿的老婆提议再到海滩去度假。但是汤姆拒绝了——他说不想去海滩而宁愿留在家里。他太太的想法却不一样。"我知道你为什么不想去海边，汤姆，"

她说，"你开始对你腿上的疤痕产生错觉了。"

"我承认你说的话。"强斯顿先生说。

接着，他的太太说了一些他心里充满喜悦的话。她说："汤姆，你腿上的那些疤痕是你的勇气的徽章，你光荣地赢得了这些疤痕。不要想办法把它们隐藏起来，你要记得你是怎样得到它们的，而且要骄傲地带着它们。现在走吧——我们一起去游泳。"

汤姆·强斯顿去了，他的太太已经除掉了他心中的阴影，给了他一个更好的开始。

真诚的赞美和激励，真是值得尝试的、能使男人发挥出最大能力的有效方法。告诉老公，你真棒！！！一个女人一句并不在意的赞美和鼓励，会改变一个男人对自己和世界的认知，他总能向着老婆期待的那样发展下去。

女人，别让讨论变成恶语争吵

从夫妻对话的语气中，你可以判断出他们互敬互爱，互帮互学的程度。有些夫妻不肯收回自己的意见，语气中隐藏着"刀光剑影"准备进行一场舌战。有些夫妻只相信自己的意见是弥足珍贵的，语气中便显露出不可商量的架势。

一位老婆自认为十分了解老公的喜好，经常不经他同意就重新布置居室。一天，老公回到书房一看，气得火冒三丈，原来他心爱的书房已面目全非：橡木墙壁换成白色缀着蓝花的壁纸，绿色的厚重窗帘变成了浅蓝轻纱，书桌上的书本也不知藏到何处……老婆原以为老公会喜欢这些色彩及新式家具，然而他怎么如此不领情呢？

其实，并非老公不领情，而是这位老婆"自作多情"，她的设想未征得对方的同意，未向对方说明事情的经过。当你"以为"对方也会这么想，就擅自去做，常会使对方恼怒不快。

为了验证假设，请你学会说："你的意思是……"或'我看我是不是理解你的意思了，你是说……"，这个方法叫作"变相小讨论"。

夫妻生活中总免不了发生意见分歧之类的麻烦事，对待这些事，要好言讨论，不恶语争吵。平心而论，讨论并不一定都会带来好结果。由于一方固执己见或自私，常使讨论毫无结果，或由于虽然达成协议而事后依然故我。此外，如果有一方不克服冲动，讨论必定无效。但不管怎么说，好言讨论总比恶语争吵好得多。

好言讨论与恶语争吵的根本区别在于：一是目的不同。好言讨论是以相互了解或解决矛盾为目的，恶语争吵却以有意或无意伤害对方为目的。二是态度不同。好言讨论是双方在平等的基础上交换意见和感觉，语气平静，声调自然。而恶语争吵必定伴随愤怒的情绪和声调。三是重点不同。好言讨论的重点是双方检讨各自的缺点，罗列对方的罪状。

夫妻在讨论时应防止变成恶语争吵。

第一，你要以平静诚恳的语气告诉对方，人有被侮辱的感觉。但是，你如果知道对方对这事有强烈的反感，你一定是伤害了对方，你应表示想改正。

第二，对争吵的挑战，要以合理、关切的态度加以克服。防止双方恶语争吵。

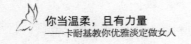

第三，面对对方的挑战，你若幽默一些，常能松弛紧张的气氛，化解危机，但是要适度运用。

第四，不要固执己见。夫妻之间的良好沟通，应该建立在从经验中学习的基础上。正当的沟通技巧是，当你发现事情对己对人有害或不能达到预定目标时，要立刻修正自己的行为。

第五，讨论不一定以意见完全一致而告终，应该允许意见有分歧，双方可以达到"赞同彼此的不赞同"。

第六，讨论本身能带来乐趣，因为它使双方有兴趣倾听并尊重对方的意见而改进关系。我们应该鼓励家庭每一个人都加入讨论，表示意见，联络感情。

夫妻之间万一发生争吵时，要让对方说完最后一句话；要学会自我克制；要懂得生气也是一种正常的感情；要注意分寸；要学会说"对不起"；要多想爱人的长处。这样，胸中怒火会平息下来，很快消除夫妻间的争吵。

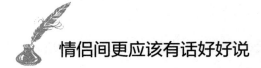

情侣间更应该有话好好说

　　有些情侣之间，对于伴侣的缺点、错误不是热情地帮助，而是旁敲侧击、含沙射影，东一榔头，西一棒槌。这种表现都与不懂爱的艺术有关。

　　爱情是情侣间的互相尊重、互相理解。如果双方在共同生活中，没有尊重，没有理解，那么爱情就是一个空架子。

　　情侣间的谈话要注意说话的语调、声调、态度。一个人说话的语调，常常反映一个人的内心思绪和感情。一句话，由于语调及声音的不同，就会有几种效果。发自肺腑的语言，常常是声调深沉；高昂而尖细的声音，常常是在争吵与说谎中出现；喃喃细语的声音，常用于表现爱慕的情感；生硬尖刻的语调，常常表现出控制不满的情结。

　　有对情侣在一次宴请朋友的晚餐后，恰是晚间八点钟了，老公无意之中瞧了瞧表，老婆则在收拾桌子，她边看着老公，

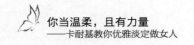

边用尖刻挖苦的语调说："去吧，还不晚。"当时在场的朋友觉得很尴尬，有的起身告辞，有的不欢而去。老公被搞得无地自容，忙向大家解释，他的身心受到莫大的屈辱，内心里对老婆在朋友面前失礼、猜疑、暴露自己、讽刺自己十分恼怒。

实际上，她老公并没有什么外遇，只是老婆看他瞧表，就歪想她的老公外面有情人，让他去赴约，时间并不晚，还来得及……

在朋友面前，暴露老公或老婆的隐私，不分场合、地点品评自己的情侣，都是对感情不尊重的表现，是幼稚而可笑的行为，是对感情的背叛。

有话好好说。时时处处要注意讲话，切莫在弦外音上下功夫。

做到这些，女人永远不担心被丈夫落在身后

　　无论丈夫的职业是什么，每一位妻子都有责任训练自己，提高自己，帮助丈夫完成事业所需要的社交能力。妻子如果有能力和旁人亲切相处，并且对社交有足够的应付能力，她就可以使丈夫成功的机会大大地增加。

　　如果一位妻子天生就有这种能力，那真是太好了。如果没有，她就必须学会这些能力。美国某州的州长曾私下告诉过我，他之所以能很快取得成功，是因为娶了一个机智、有教养又迷人的妻子。

　　他自己是在一个大城市穷困的移民区里长大的。他说，如果我娶的是邻家的女孩子，我将很难确定自己是不是会有自修的动机，是否能在社会上出人头地。感谢上帝，我的妻子有着我所缺乏的每一件东西，她有教养、有身份。不管我的工作是需要周旋在皇亲贵族之间，或是要到下层社会的人

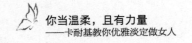

群里，她都可以落落大方，应付自如。

不要以为你的丈夫现在做的只是毫不起眼、比较低层的工作，所以你就觉得无须你来帮他什么。这种想法是要不得的，要知道，凡事都有个过程，没有谁一开始就站在顶峰的，那些在工商界及其他领域的未来领导人物，目前也都是些毫无名气、没人知道的年轻人而已。你是否已经准备好如何应对十年、二十年或是三十年后你的丈夫已经成功的局面？或许到那时候他已经是个顶尖人物了呢。

所以，如果你有点笨拙或是不够机警，你就应该学会喜欢、尊敬和欣赏别人；如果你觉得自己所知太少，就不要再躲在那句老掉牙的借口里："我从没有机会上大学"，你可以到夜校补习——如果你付不起学费，那就赶快到最近的一家图书馆去。

如果妻子因为赶不上丈夫前进的步伐，而被丈夫遗落在身后，那她并不是一个值得同情的人物。这种人通常不是太懒了，就是不肯用心利用围绕在我们每个人身边的、毫无止境的机会来改进自己。

没有人确切知道未来将会是什么样子！但是聪明的人就会为机会的来临做好准备。学习如何认识新朋友，如何与朋友和睦相处，这是为你的丈夫成为重要人物所做的重要准备，不管他目前的职位或社会地位如何，这是一种确定可以帮助你丈夫的能力，如果他自己在待人接物方面显得笨手笨脚，那他机灵的妻子将可以弥补他粗心的过错；如果他在自己的朋友圈里已经相当机警圆滑了，有时他仍需要妻子的帮助，以免使人觉得他太过荒谬可笑。

时刻洋溢着友善与和气的女人身上有一种无价的资产。工作繁忙的男人常常因为太专心于工作，而缺乏生活情趣与温暖的人际关系。如果他有个妻子，无论走到哪里都能够制造出一种温暖人心的气氛，那么他将会是多么的幸运！像这样的女人，在丈夫事业迈进成功的时候，永远也不会被遗落在背后的，因为她是她丈夫的亲善大使！

尽自己的能力去赢得友谊，让自己在任何社交场合都能胜任，而且使自己的丈夫脚踏实地，不会凭空自满。

任何一个女人如果能够做到这些，就完全不必再担忧自己会变成一位"被丈夫遗落在身后的女人"了。

女人不化妆意味着什么

女人一旦结婚以后，常犯一些致命的错误。那么，这些致命的错误到底是哪些，又该如何避免呢？

1. 不化妆，不打扮，不修饰自己

一个女人不化妆打扮，就意味着拒绝男人，拒绝男人的欣赏。殊不知，对女性美最敏感的是男人，男人才是女性美的鉴赏专家。女人比男人更执着地追求爱，我们需要爱情的阳光雨露，但是不经意之间我们把不美的东西尽现男人眼底。本来爱情就是一种心理感受，有高潮有低谷，热恋之后，爱情波浪由浪尖逐渐往下跌，在低谷时女人应猛推一把，再把浪掀上去，或者再激起汹涌波涛，但是女人外在的最差形象即使没有让男人倒了胃口，至少也使丈夫心灰意懒、无情无趣。时代变了，审美要求变了，男人的要求也变了，做妻子的再不要固执地用以前的观念来束缚自己，更不要以此作为自己不打扮的借口。

女人不打扮是没有信心的表现。她越不打扮自己，美就与她无缘，男人的赞美与追求就与她无缘，她就越没有自信，至少美是要得到他人的肯定的。而有的女人原本就缺乏自信，但也没有通过打扮去弥补和提高。许多漂亮女人的信心最早也是由男人激发的，或许就因为一次打扮得到男人们的好评，从此喜欢上打扮，而人也越来越美。

2. 不知道眼泪的力量

无论女性多么坚强，恋爱之初，最吸引男人的是女人的性别本质特征，是一个纯粹的自然的男人对一个纯粹的自然的女人的追逐，是两性最原始最单纯的相互吸引。男人阳刚，女人柔美。男人不怕老虎，但对女人的眼泪却惊慌失措。不是男人怕女人的眼泪，而是女人的眼泪提醒和激发了他的雄性的英雄气概，他觉得自己没有保护好弱者，这是他的无能与可耻。

殊不知，男人的大丈夫英雄气概最容易被女人的软弱、无能、无依无靠所激发，而眼泪是最好的方式，默默地流泪胜过千言万语的唠叨。这也是许许多多能干吃苦而又事业有成的女人不理解寄生虫般无能的女人，反倒受丈夫宠爱的原因。当男人身上近似父爱的感情被激发时，他是会像娇惯女儿一样地去娇惯妻子的。

3. 不知道撒娇的魅力

一个蓬头垢面、衣冠不整的女人是没有心情去撒娇的，私自也认为没有资格撒娇。因为她觉得以母亲的身份去撒娇是不恰当、不合适的，而衣冠不整是因为太忙的缘故，以此作为自己不修边幅的理所当然的借口。因此，不仅不以为耻，反以为荣，否则，不足以表现为贤妻良母。但是，可恨的是男人并不买账，即使当面嘴上同意，心里却大不以为然。别以为有些男人不喜欢妻子撒娇，是正派的表现，那只是他不懂情趣，如果女人坚持撒娇，尤其是打扮妩媚的情况下，他是会感到非常受用的。

4. 抹杀男性自尊的刀子嘴

贤妻的重要职责之一就是辅佐丈夫成就事业。于是，妻子主动承担起监督与指导的作用，不断地批评、指责，一付"恨铁不成钢"的心怀。为了丈夫的功成名就，她不断地指出其不足，不断地把一些标准、要求放在丈夫身上。这种角色注定是吃力不讨好的。何况劝解的方式从热恋中的温柔委婉型变成直统统不可通融型。"刀子嘴豆腐心"是最可怜可恨的一种性格，它注定女人吃苦受累不讨好，"刀子嘴"是最容易把男人的自尊割成碎片的撒手锏，自尊没有了，情爱也就消失了。"好语一句三冬暖，恶语伤人六月寒"，快快扔掉"刀子嘴"，不要用豆腐心原谅自己。

第二章

优雅处世，女人提升魅力的必由之路

学习居里夫妇看淡金钱的心态

如果我们不能改善经济状况，那就赶紧改进心理态度。

美国历史上最著名的人物也有他们的财务烦恼。林肯和华盛顿都必须向人借贷，才能起程前往首都就任总统。

要是我们得不到我们所希望的东西，最好不要让忧虑影响个人生活上的快乐，应该尽可能减少对外来事物的依赖。

罗马政治家及哲学家塞尼加说："如果你一直觉得不满，那么即使你拥有了整个世界，也会觉得伤心。"

即使我们拥有整个世界，我们一天也只能吃三餐，一次也只有睡一张床——即使是一个挖水沟的工人也可如此享受，而且他们可能比洛克菲勒吃得更津津有味，睡得更香、更安稳。

居里夫妇发现了镭，如果做了专利注册，那么，财富便在举手之间。某个星期日早晨，佩勒·居里给太太看了一封信，是美国的巴华罗工厂请求许可其利用镭。

"有两样做法。"佩勒·居里懒洋洋地说道，"将我们实验的结果公开，否则，把镭当作我们的所有，申请镭精制法的专利注册。"

他的意思是将这技术注册了，两人年老时，对于孩子们那是一笔很可观的财产。

居里夫人沉默地想了一会儿："还是不要注册。那是要根据科学精神的，镭有益于治疗，所以我们不能用它来赚取个人的利益。"

"是啊！"佩勒点头说道，"你说得很对，要本着科学精神。"

居里夫妇下了这个决心，要为比金钱更有价值的事工作。几个月之后，诺贝尔奖金为两人增辉，这不曾料及的天降之财，夫妇两个又将那大部分分赠给困苦的亲戚或贫穷人。

虚荣心既然是一种危险的炸药，使人不安全的毒素，那么，能不能把这种恶根铲除呢？能不能把它用到好的方面去呢？至少，它所造成的悲惨结果，是否可以设法避免呢？

当然可以！不过这种心理的铲除，根本是不可能的，只有引导它走向有用的方面去。

爱迪生如果为了虚荣心而发明电灯，那么，我们也不值得崇敬他了。可是，他为人类的需要，为大众福利而努力，

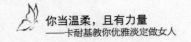
这便由虚荣而转为光荣的成功。他的事业，让全人类所拥护，不会被人们所仇视和妒忌了。

你拿金钱去向人家夸耀，你便是一个虚荣心很重的人。但是你把你的金钱，大量地应用到社会福利事业中去，你同样可以获得名誉，并已被人们所信赖，所拥护、喜欢了。

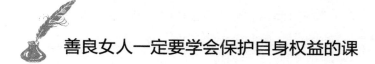

善良女人一定要学会保护自身权益的课

在生活中，善良淳厚的女人处处皆是。然而，有时候善良的女人并不一定受人尊敬和欢迎，女人善良的"因"也不一定收获良好的"果"。因为善良也是需要智慧的。没有智慧的善良，充其量只能算作一种好意。善良一旦缺少智慧的指引，就会没有清晰的是非方向，就像丢了指南针的旅人，总是犯一些简单的错误。这时的善良已经脱离了本质上的纯洁了。

善良的女人容易失去自我，缺乏主见，只是一味地付出，委曲求全。不伤害别人，不计较得失，是很多善良女人的原则。她们即使受到别人的伤害，也从来不会想着为自己讨个说法，即使受到不公正待遇，也不知道为自己争取公平，只是憋在心里觉得委屈难受。其结果是失去了自身存在的价值，成为丈夫眼中的保姆、同事眼中的傻瓜。

当机会来临的时候，最先发现机会、抓住机会并成功的人才是胜者，所以女人们必须抛开"善良、心软"的束缚，保护好自己应得的利益。属于你的权利和利益一定要努力争取，绝对不可以随便放弃，妥协退让。

在工作场合和人际交往的过程中，很多善良的女人往往由于"心太软"，以至于受骗上当，遭人利用。女人们不妨都来对照一下，看看自己常常会犯哪些"善良"的错误：

（1）不敢得罪权威。上司很滑头，仗着自己有权有势，把自己手头最麻烦、最得罪人的事情都交给你做。虽然你不愿意做，想请上司委派其他人，但是碍于上司的权威，只能埋头苦干。

（2）扛不住"花言巧语"。平时对你十分冷淡、毫无联系的同事，突然打电话或者登门拜访，请求你给予帮助或者退出竞争。虽然你打算尽量婉转地拒绝，但是又一时心软，被对方的"花言巧语"打动，最终又是满口答应。

（3）抹不开面子。有个关系一般的朋友，跟你一起喝茶、吃饭时从不花钱，总是让你买单。你本来铁了心，这次无论如何也让对方请一次。但对方又说："最近我手头紧，银行一直催我还贷款。今天的酒水费，就大家一起付吧！"你马上拿出钱包，说："算了，还是我来付账。"

（4）敢怒不敢言。有人总是说话带刺，伤害你的自尊，让你心情极度郁闷。你原本打算指出对方太过无礼，有心提醒对方一下，但你又觉得对方的话也有道理，索性什么也不说了。

遇到这些情况，尽管善良的女人也会有牢骚和抱怨，但只要听到别人夸赞一句"你真是心地善良"，就马上奋不顾身地大包大揽、心甘情愿地自我牺牲、满腹辛酸地强装笑脸。善良的女人就承担更多的工作失误、同事苛责、领导批评，遭受更大的经济损失，让自尊心受伤……

善良是女人的优点。但是如果你善良过度了，你的善良就会变成缺点，就会诱使那些品德不良的人利用你，欺骗你，伤害你，让你付出巨大的代价。所以，拒绝无理的要求，捍卫自身的人格尊严，保护自己的劳动成果，争取应得的正当权益，这是善良的女人一定要学会的功课。

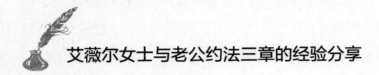

艾薇尔女士与老公约法三章的经验分享

　　没有个性的男人不是好老公，你也许并不赞同这句话。

　　每个人都会有一些特别的个性，我们要做的就是使个性中闪光的部分发扬光大，使个性中阴暗的部分尽量改善。

　　你一定因为老公的个性曾经手足无措过，那么看看艾薇尔女士是怎样做的吧。

　　艾薇尔女士的老公样样都好，就是脾气太大。他们经常是手牵着手一起出门，吵了架分头回来。为此，每次出门前他们都不得不各自拿好自己那一串钥匙。到家后，老公还怒气不减，抱着被子就去睡客厅。更让人无法忍受的就是老公动不动就说："离了得了，省得你老看我不顺眼。"

　　开始，艾薇尔女士被老公气得老是一个人偷偷地哭。但想起老公的好，又舍不得离不开他。其实老公也舍不得离不开艾薇尔女士，好的时候他也说："我这臭脾气也就是你能将就。"

总是忍气吞声也不是办法，艾薇尔女士总不能眼看着自己被他折磨成逆来顺受的老式小媳妇吧？艾薇尔女士找了一个两人情绪都不错的日子，跟老公说："老公咱订个夫妻互爱协议吧。"

老公问："好好的。定什么协议？我又没跟你生气。"

"咱约法三章好不好？一是以后再吵架，谁也不许去客厅睡；二是只能就事论事，不准翻旧账；三是谁也不准再提离婚两个字。"

"好吧，这还不容易，我依了你就是。"两个人郑重其事地草拟了两份协议填好，并各自按了鲜红的手印。

从那儿以后，艾薇尔女士的老公还是时不时地犯老毛病，可有约法三章在，他们再也没有出现过一怄气好几天谁都不理谁的情况，老公再也没提过离婚。

艾薇尔女士的做法中最成功之处在于，首先是她接纳了老公的个性，然后用疏导而非拦截的办法帮助老公克服他个性中不好的一面。

没有不好的个性，只有愚蠢的老婆，全看我们怎样引导了。

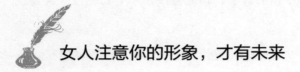

女人注意你的形象，才有未来

女人在职场最重要的资本是什么？一项专门针对女性资本调查的数字表明，40%是能力，之后依次为容貌是33%，关系是14%，学历是8%，金钱和职位各占1%。

一个健康而有魅力的职业形象，将给女人的事业发展带来额外收益。在能力相同的情况下，漂亮的女人要多赚5%。

香奈儿夫人说："不化妆、不注意形象的女人没有未来。"她每天都要精心地装扮自己，让自己时刻保持好的状态。因为"我不知道机会何时到来，所以每天都化一个淡妆，精心搭配，做好迎接的准备"。

聪明的女人总是打造和提升自己的个人形象。因为她们知道，形象对她们来说价值百万。那么，女人应该怎样注重个人形象呢？

　　服装不能造出完人，但是第一印象的 80% 来自着装。穿着不当和不懂得穿衣的女人永远不能上升到管理阶层——穿着得体虽然不是保证女人成功的唯一因素，但是，穿着不当却会保证一个女人事业的失败。

　　穿衣要有自己的个性、自己的品位，但不要盲目地追求时髦。穿在别人身上好看的衣服，套在自己身上不一定好看。衣服重视质，而不要重视量。要选择布料舒服的、优质的。花钱买一大堆便宜货，还不如买几件有档次的衣服。衣服的档次决定你个人的职业形象。除了工作装之外，平时也可以买一些休闲服，如运动服、牛仔裤等，以便自己休息时可以摆脱上班服的庄重，还自己一片清爽、舒适，有时还能给人眼睛一亮的感觉。

　　形象不是财富，但它的作用却胜过财富。良好的个人形象是一种资本，不管在什么样的场合，良好的个人形象都能使你在生活中大放光彩。对于女人来说，形象更为重要，良好的形象可以增加自身的价值，提升自己在别人心中的地位。

　　那些在事业上取得巨大成功的女性，她们不管在言行举止还是外表衣着上都能给人带来一种非同一般的感觉，让人不得不佩服她们的个人魅力。

　　在工作失败的女性中，35% 的人是因为她们的不良形象导致的。公认的有魅力女性的个人形象是：穿着得体、谈吐

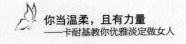

优雅、有条不紊和具有职业权威。

只有具有良好的个人形象，才会有个人魅力。所以说，形象是一个人的品牌，要生活在自信和快乐中，就必须重视自己的形象。想象一下，如果一个人衣装艳丽却举止粗俗，打扮入时却口吐脏话，那么她在大众眼中的形象如何？

女人的形象就是一张特殊的名片，经营好自己的形象就是经营好女人的未来，对形象资本的投资就是对自己未来的投资。每一个成功的女人都善于为自己打造良好的个人形象，并把它变成自己成功的资本。

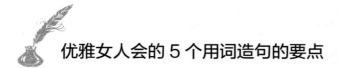

优雅女人会的 5 个用词造句的要点

除了嗓音的好坏，女人说话时的用词造句同样也会影响自己的语言表达。女人在说话时若能运用恰当的词汇，并将自己声音的魅力显现出来，一定能够吸引人继续聆听。优雅的用词造句要点包括：

千万不要说粗话。说粗话的情况并非仅存于劳动阶层，有许多学识深、地位高的"高级人士"在自己遇到稍微不顺心的事时，也会用一句粗话来发泄自己郁闷的情绪。其实发泄的手段和方式有很多，说粗话只是下下策。身为女人，一定要远离这类话语。一句粗话会让一个穿着端庄、容貌秀丽的女士形象顷刻之间大打折扣，让人忘记了她所有美好的东西而只记住这句粗话。

语言简练。谈话中要避免冗长无味或意思重复的言语，如："你明白我的意思吗？""你说好不好？""你知道吗？"这样的言语会让对方觉得自己的智商和理解能力受到了怀疑。

语句完整，语速适中。说完整的词句，不要吞吞吐吐或欲言又止，如此会让人觉得不明快。不要采用流行语、口头禅来作为开场白，如："哇噻！"。可能有些女性也从身边的孩子身上学到青少年所惯用的流行语，以为说了这些话就代表跟得上潮流，实则不然。说着一口年轻人的流行语，既幼稚又有失身份，完全背离了初衷。这可不是气质优雅的女人想要给人的印象。

不要使用鼻音词汇。有的人喜欢用"嗯""喔"等简单的鼻音词汇来表达自己的意见，同意或者否定，殊不知，这样的发音给人的印象是极其不好的，一是表现出自己的懒惰，二是表现了对发言者的不尊重，令其有不受重视的感觉。因此，一定要力戒这类发音从你的交谈话语中出现。

注意优化口头禅。就像每个人都有他的习惯动作一样，几乎每个人都有自己的口头禅。它在不知不觉中，已构成所谓个人形象的一部分，甚至是重要的一部分。语言的风格是个人文化素养的体现，挂在嘴边的口头禅所属的语言风格，会让人很自然地把你与这种气质联系到一起："谢谢""对不起"等文明、有教养的词汇让人感觉到你的举止文雅、高素质。夹杂着"说实话""坦率地讲"等短语的说话者很容易取得别人的信任。总是把"无聊""没劲"挂在嘴边的也会让别人感觉到他的颓废、疲惫和无追求。而开口便是"神经病""他××"等口头禅的人，就更不用说了，自然让人觉得粗鲁无教养，进而想远离她。

女人优雅的声音就像一种美妙的音乐，令人神往。女人假如只注重化妆打扮，而不懂得修饰优雅的声音和文明的讲话，那只能使她徒有其表。

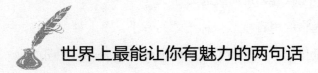

世界上最能让你有魅力的两句话

芸芸众生中，不乏漂亮的女人，而真正拥有一颗美丽心灵的女人并不多。对于一个漂亮的女人来说，即使使用名贵的香水，也总会失去它的芳香；而对于一个拥有美丽心灵的女人来说，从她内心深处散发出的幽香却可以经久不衰。让我们都成为内心深处散发着幽香的女人吧！首先，我们来看看这类女性的共同特征。

经常说"我爱你"和"谢谢"。这是世界上最具有魅力的两句话。

她们都有一个可以击退10万大军的秘密武器，那就是随时都可以看到的微笑。

对待不同的人，她们都有不同的方法。对待弱小和需要帮助的人，她们无比温柔；对待那些欺软怕硬、恃强凌弱的人，她们又都表现得很强硬。

她们从不会忘记相信和热爱自己的人。她们就像大树一样站在原地，在下雨的时候，为别人遮风挡雨；在烈日炎炎时，为别人带来一丝清凉。同时，她们还会将自己结出的果实无私地给予别人。

她们如火一般炽热的心灵可以融化冰雪；她们如钢铁一般冷酷的心灵可以浇灭任何烈火。

沉默时，她们如淑女般恬静；谈话时，她们又如公主般优雅。

她们每个人都与众不同。生气的时候，她们都表现得异常冷静，这并不是强忍怒气，而是表示理解和宽容。

每次看到她们的时候，都会有种新鲜的感觉，人似乎变得更美丽了。她们并不是徒有其表的花瓶，而是具有智慧的善良女子。

她们都喜欢去陌生的国度旅行，并以此丰富自己的知识。

她们无一例外地认为，人生就是一场宴会，一生中，自己可以穿上美丽的衣服，也可以和别人毫无顾虑地聊天，甚至还可以期待明天发生奇异的变化。

与那些因为怕惹麻烦而明哲保身的女子不同，当遭遇突如其来的暴风骤雨时，她们最先考虑的不是裙子会不会淋湿，而是冒雨帮助路边的残疾商人收拾摊位。

她们犹如一块洁白无瑕的玉，用自己的色泽和香气感染着四周。

因为她们都有一颗美丽的心灵，所以才显得更加美丽！

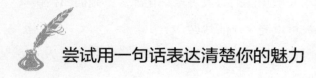

尝试用一句话表达清楚你的魅力

如果你每个月只骑一次自行车、游一次泳或做一次体操练习，那么你只能锻炼一下肌肉——仅此而已。但是，如果你经常坚持锻炼，就可以收到长期效果。你的身体会更加结实，更加灵敏，身体素质也会随之得到改善。

幻想只是你所希望的一种具有良好竞技状态的精神方面的训练。同样，在激励自己方面，你也必须进行有规律的想象性锻炼，就是说，每天至少一次，只有这样长期坚持才能收到预期的效果。

激励自己的一种最好办法，就是不断地想你所希望实现的目标。在美国，人们称这种办法叫"强化"，它早已成为人们为实现个人追求的目标而喜欢用的一种技术。

为了获得有效的强化作用，你首先必须找到正确的表达方式。

为了你的魅力，你要考虑一下，你应采取什么行动或持什么态度，然后用一句话把它表达清楚。

请注意以下几点：

（1）尽可能具体地说出你计划采取的行动或态度。比如："我想变得更友好些。"具体地就应该这样说："每天早晨，我要以微笑和喜悦的语言来欢迎我的同事。"

（2）要像已成为事实那样表达你现在的决心。不要说，"我准备买一条红裙子，"应该说，"我买了一条红裙子"。

（3）用肯定的语气表达你的意思。尽可能不用"没有""不行""再不"等这些词。比如不说"以后我再不吃不洁的食品"，而应说，"从今天起，我一定注意食品卫生"。原因是，我们的下意识往往只注意那些反面的信息，并把它就此定下格来，比如"不洁食品"。

"星期一我要到一家美丽的农场去报到，以便每周都到那里去度周末。"

"我对我的家人说，以后每周我都要拿出一个晚上到农场去，为的是重新找回自我。"

"我买了一管红唇膏。"

"下次再同我丈夫的客户一起用餐时，我一定表现出非常欢迎他们的样子。"

"如果我生气了，我就明确地说这是为什么。"

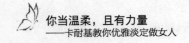

用类似这样的话来表达你的想法简单明了，而且对实现你想提高自己魅力的愿望也是必要的提醒。

你不妨把这些警句写在唾手可得的卡片上，或粘在你可以看到的地方。

不断强化你要达成的目标，否则你可能要成为懒散的牺牲品。

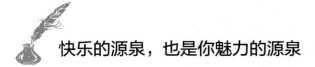

快乐的源泉，也是你魅力的源泉

每当你去做你喜欢的事时，你就会由衷地感到振奋。

琼斯有一只大帆船，每到周末她带着日常用品去海边练习驾船技术。为了购买新船或者测量用的仪表，她省吃俭用。为了取得驾照，她练习时很刻苦。她的女友们为了祝贺她的生日，预订了一年的帆船杂志。她的男朋友开玩笑地称她为"倔强小姐"。她的热情感染了她的男友。在帆船比赛中，他们两人终于取得了第四名的好成绩。

55岁的贝芙丽在业余大学上花边编织技术课，她发现，每当她用彩色毛线编织出各种图案时就感到特别愉快。不久她又学会了凸纹编织手艺。现在，她能编织壁毯和类似的各种编织物。她对自己能以此技术来表现自己的创造力感到非常自豪，一编织起东西来就废寝忘食，为此她丈夫经常提醒她注意休息。

你肯定已经发现——真正能使我们着迷的，是我们发自内心深处的一种爱好。我们应该发展那种发自内心深处的，并能激发我们热情的爱好。

这种完全属于个人的爱好往往被埋没了。如果你不知道你的爱好是什么，你就回忆一下大约9岁时你喜欢做的事情。它会提醒你，什么可以使你产生愉快的心情。当时，直到深夜你可能还在贪婪地读惊险小说，为你的玩具娃娃缝制幻想的服装，或者自己化装上演一出戏？当然，你今天不必再读卡尔·梅的小说，但是，如果不读惊险小说，离开旅游路线去休假会怎样呢？过去你观看木偶戏时很开心，今天用针线缝制木偶也许能使你得到新的乐趣。你在孩童时代自演的戏剧也可能在今天的剧场里有好的上座率。

如果你又找到了新的爱好，不管是什么原因，诸如缺少时间，因伙伴、家庭或者周围人的看法，等等，无论如何你都不要放弃。可能有上千个理由影响我们焕发激情。像放风筝有危险、赶时髦是草率、读爱情小说是逃避现实、如果有毕加索的才能应该去绘画等等。不要去听这些议论。重要的是在你自己的生活里要有真正能激发你热情的事，它是你快乐的源泉，也是你魅力的源泉。

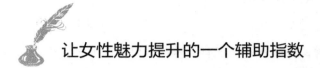

让女性魅力提升的一个辅助指数

不知道女人们是否注意过这样一个有趣的现象。

当你喜欢逛商场，热衷于购买服饰、化妆用品的时候，往往是渴望和需求美丽的时期，比如热恋、结婚、更换工作时，比如对事业和生活充满进取心时。在这些时期你会浑身充满活力，有神采，有上扬的整体魅力。当你少了或没有了为美去逛商场的兴趣时，你的心境往往是低落的，如失恋、离异、工作受挫、为年龄叹息……这时女人往往会失去光彩，肤色逐渐灰暗，头发开始干枯凌乱，服饰也透出一股懒散和陈腐的气息。

女人热爱商场的指数可以看作是女性魅力的一个辅助指数，虽然这个指数并不准确，但是没有找寻和购买魅力元素动机的女人绝不会是魅力女人。

女人要热爱商场，要持续培养和保持对商场的热度和感情。你热爱和常去的商场应该有两大类。一类是超出你消费能力的高档商场，这类商场能帮助你提升品位，感受到更充分的时尚气息，刺激你提升魅力的激情和进取心。另一类是符合你消费能力的商场。

适合你的服饰往往是逛出来的。每个月你都应该安排逛商场的时间，每次并不一定有买东西的目的，不过要有买的动机，边逛边搜索适合的东西。

概念店这个词儿最早就是出现在时装领域，是指那些专门出售创意设计、拥有创意购物环境的商店。现在，很多领域都在用它，如化妆品、家具等等。

真正的概念店追求的是一种充满设计感的混合时尚风格，比如在巴黎、米兰、东京都有非常好的概念店，它们将画廊、摄影艺术馆、书店、咖啡馆以及时装和奢侈品专卖店整合在一起，风格前卫，概念独特，让你的心情在不知不觉中进入兴奋状态。

与传统的百货商场相比，逛概念店更能感受到文化与艺术的氛围，当然也更有意想不到的乐趣。

第三章

你当温柔，且有力量

男人最爱温柔和力量合二为一的女人

在现代社会，好女人最主要的条件是能够表现出独立自我的女性。在这类女性身上，既有传统女性的美，也有一种力量、权威和积极态度。

虽然这类女性都很坚强和果断，却不是没有女人味，而是以男性的某些特征，填补了女性特性上的缺陷。这些使她变得能够抛弃传统的温柔和给予的特点。

传统上，人们是不会鼓励女性坚强和果断的，正如不赞成男性温柔敏感。现代意识，却尝试让女人运用力量和权威，尝试让男人表现出温柔的一面。这是人类对爱情相当健康的态度。

现在，一个聪明的女性，通常都知道如何以最可能的方式，来表现她个性中的女性化，以及具有力量的男性化的一面。她也知道能够发挥两性特征的女人，必定是温柔、有教养和吸引人的。

她的坚强、有进取心和具权威性，使她和男人的爱情生活发展出有活力的、有趣的并很满意的关系。

男人希望自己爱的女人有力量又温柔，并具有使他动心的魅力，总的来看，男人对好女人的要求有八个方面：

（1）我的恋人应该是我最好的朋友，除了她，我不跟别人去看电影或旅行……她也应该是我最忠实的朋友。

（2）我不喜欢讲别人私事的女朋友，因为我很难知道她是否能体谅别人，或是否该和她说心里话。

（3）我喜欢温柔的女人，任何事也无法叫我离开她的身旁。我喜欢比较明朗、主动、柔和、细心的女人。

（4）我喜欢有个性的女人，她能够细心的照料我，让我觉得自己像拥有全世界似的。她知道什么时候该做什么，虽然我本身是相当自信的人，但我欣赏有个性的女人。

（5）我喜欢聪明又细心的女人，她让我的爱情生活充满活力。我喜欢倾听她工作时的一些琐事。

（6）我喜欢开朗又风趣的女人。因为具有幽默感的女人，一定能够很好地和我度过生活中的不愉快。

（7）我不喜欢说男人是条驴的女性。我希望约会时，能和她谈得很投机，像和男朋友交谈时一样。

（8）我喜欢女人有时像小狗一样温顺，有时却非常具

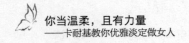
有挑战性，这样我才不会厌倦。我喜欢她有一点嘲弄，也喜欢她使我突如其来的兴奋。

综上所述，男人最爱的女人就是力量和温柔两种个性组合在一起的女人。男人喜欢她们的参与感，喜欢她们的热情，也喜欢她们的给予。

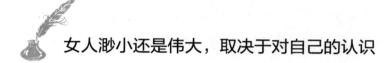

女人渺小还是伟大，取决于对自己的认识

如果一家世界著名的飞机制造公司雇用一位女盲人来设计飞机发动机，你会认为这简直是荒诞离奇，但这是真实的事情。

22岁的英籍华人谢云霞，从儿时起眼睛就几乎完全失明了，她竟是罗尔斯－罗伊斯公司的一位工程师。她每天坐在计算机终端旁，手握光标定位器，注视着电脑屏幕上呈现的放大了的文字。她的脸几乎要贴到屏幕上，因为她的视力极其微弱，而且主要集中在右眼上。她身边放着一些必不可少的辅助设备，能把发动机在各种不同飞行条件下的温度、湿度和压力等数据放大。而她能准确无误地掌握这一切，她了解技术发展的最新情况，这就是说，几乎没有什么东西能妨碍这位瘦小、腼腆而又思维敏捷、才华出众的盲姑娘成为工作出色、一丝不苟的优秀工程师。她因其卓越的成绩而荣

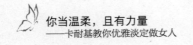
获威尔士亲王查尔斯颁发的特别奖。

人人都有巨大的潜能，人人都能走向成功。只要你抬起头来，新的生活就在前头！

一个女人一旦认识到自己的潜能和优势，那就不会只是羡慕别人，总是感到自己不如别人了。因而我们可以把不再羡慕别人看作是重新认识自我和依靠自己奋斗的一个标志。

一个女人在自己的生活经历中，在自己所处的社会境遇中，如何认识自我，如何描绘自我形象，也就是你认为自己是个什么样的人，你期望自己成为什么样的人。这是一个至关重要的人生课题，将在很大程度上决定自己的命运。成功心理学的核心观点就是人人都有巨大的潜能，人人都可以取得成功！

女人可能渺小，也可能伟大，这就取决于你对自己的认识和评价，取决于你的心理态度如何，取决于你能否靠自己去奋斗了。说到底，还是取决于你对自己究竟是怎么看的，是自信，还是自卑。

女人，你完全有能力做得比男人更精彩

许多女人都不相信自己跟男人一样拥有巨大潜能，这是众多女人思维上固有的最大误区。而事业有成的女人，她们显著的一个共同点，就是不断积极挖掘自己的潜能。

反之，任何普普通通的女人，倘若不相信自己有潜能，经受一两次挫折，就总是怀疑自己不够聪明，反复强化"自己是女人，没有男人聪明"的意念。时间久了，认为自己不如男人的想法越来越固化，形成思维惯性——因为认为自己做不好，潜能当然就被埋没了。

不少女人自认为天生能力比男人弱，其实根本不是这样。在过去的几十年时间里，科学研究已涉足探讨女人优势的领域。所有女人都能够证明自己在某些事情或领域里比男人强。

女人在语言应用的各方面都比男人强。女孩会说话比男孩早，使用词汇量比男孩更多，且会组成更为复杂和灵巧多变的语句。女人在阅读和写作词汇上的优势可持续到成年。女人在

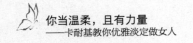
学习外语方面比男人接受速度更快，也更为灵巧和熟练。

女人在从事精细手工工作方面远远胜过男人。

女人的嗅觉和味觉均明显比男人更为灵敏。女人可以发现并辨别更淡弱的气味。女人的听觉灵敏度也超过男人。女人的听觉随年龄增加而减退的速度大大慢于男人。

女人比男人更善于微笑、直视对方，或与别人更近地坐在一块儿或站在一起。

绝大多数女医生都比男医生更擅长微笑应诊。女人通常较少打断别人的谈话，且更易于对别人的笑话和幽默表现出赞许或愉悦。女人在交往中就算与对方持有不同看法也会委婉、恰当地表达自己的异议。女人的面部表情变化也比男人更生动丰富，更具有表现力。

女人原本就不比男人差，只是由于过去固有的陈腐观念，使太多的女人倾向于认为自己的能力不如男人。

女人特有的细腻让她在解决问题时更具有针对性，更容易快速准确地解决难题。这是女人天生具有的强项。这种细腻还能够帮助她时常发现一些男同事容易忽略的问题。女人倘若具有了一定的能力，同时再善于运用自己细腻的特性，通常会比男人更容易把工作完成好。

在如今以能力论成败的大环境中，女人千万不该自认为女人就比男人差，你完全有能力比男人做得更精彩。

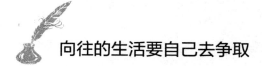

向往的生活要自己去争取

一些女人经过多年打拼后，感到世事难料，身心俱疲，干脆逃离战场，回家一心一意相夫教子。有些不善处理人际关系的女孩，大学毕业后害怕去找工作，只好待在家里，安安静静地"啃老"。

不管她们是出于个人意愿，还是被逼无奈，起初她们一定认为：只要远离社会中的烦扰纷争和利益冲突，就能变得自由自在、无忧无虑，安心享受宁静和淡泊了。但是，她们真的能够如愿以偿，过上与世无争的幸福生活吗？答案是：不能！

与世无争是一种消极被动的生活态度，"与世无争"是消极失败的代名词。这个社会，矛盾本来就无时不在，无处不在，一个人不可能永远不与他人发生矛盾。女人在生活、工作中时时处处都要面对竞争，彼此之间的竞争也无可避免。

生活中，很多女人觉得自己不幸福，因为她们过的是一种"人为刀俎，我为鱼肉"的生活。她们不懂得跟人竞争，总是自卑地认为自己很弱小，从来不敢大胆面对他人的强大，更没有想过自己会超越他人，打败他人。她们缺乏一种竞争意识。

从心理学的角度来说，在有竞争的情况下，人们能够最大限度地发掘自身潜能，创造更大的价值与财富。好胜心与成就动机，是人类普遍具有的本能，竞争对于积极性的激发和工作效率的提高都大有好处。力争上游的女人，往往更具有开拓精神，能够创造新的价值。

女人在工作与生活中，应当树立拼搏精神：在工作过程中要不甘落后，敢于脱颖而出；在人生道路上要敢于冒尖，勇于参与竞争。一个富有主动性、创造性和竞争意识的女性，自然会积极努力，争取更好的发展空间，赢得别人的尊重和好感。

当然，竞争给女人带来动力的同时，也带来了很多弊病，比如，在竞争的过程中，容易让人产生嫉妒心，特别是在职业、年龄、地位、性别、学历相当的女人中间，一时的嫉妒心还会引发互相排斥、厌恶、憎恨等激烈情绪，竞争就变成了尔虞我诈、明争暗斗的手段。这样会严重影响女人的健康心理。女人应该持有正确的竞争态度和方式，保持胜不骄、败不馁的健康心态。处于劣势时，女人应当改变思路和方法，自我提高并赶超对方；处于优势时，女人要做到谦虚谨慎，不能看到别人遭遇挫折就幸灾乐祸。

世上很难存在与世无争的人，也不会出现与世无争的生活。女人向往的生活需要自己去争取。

不要胆怯，不要逃避，更不要害怕。别人拥有的一切，你照样可以拥有。保持心理健康，和对手公平竞争，争取过上自己理想中的幸福生活，这才是你应该做的。

自强但不争强，是一个女人获得幸福的元素

　　想做一个受欢迎的女人，请一定记住——不做女强人，要做强女人。

　　"女强人"，一个听起来令人生敬又生畏的名字。任你是谁，听到这三个字，脑海里立马浮现出一个身穿蓝灰套装、头发盘成发髻、不苟言笑、不亲和待人、张口对着下属一顿痛骂的冷女人形象！

　　这是众多女强人的人前形象。不过，女强人也有柔弱时，只是你看不到而已。偶尔夜深人静，她们独自泪垂："唉，为何温馨的情感总是离我那么远？难道，是我还不够优秀？"

　　不是的。落单是因为你太优秀，落单也是因为你不懂得隐藏自己的优秀！

　　女人，愿意输给一个男人，是一种爱，更是一种自我保护。你把针尖对准了外人，外人自然只能用利器来对抗！

作为一个女人，最大的悲剧在于：她不需要男人来保护！因为这样她会丧失很多恋爱的机会，毕竟，男人，尤其是优秀男人，依旧更钟情柔情款款的女人！

而作为一个女人更大的悲剧是：她不仅不需要男人的保护，甚至还有一大批男人需要她的保护！这样的女人算得上强人中的强人，可敬但不可爱，如果不是把她当成"饭碗"，没有男人不选择退避三舍！

工作中的女强人受人肯定，婚恋场上的女强人受人冷遇。作为一个职业女性，如果不懂得适时地释放自己的默默娇羞，那离成功的婚恋结果还很遥远！

提倡女人要自强，但做女人要做强女人，而非女强人。

同样的三个字，排序不同，自然蕴含的意思也不同。

女强人有铁辣的工作作风，有令男人胆寒的业务手段，有巾帼不让须眉的胆识谋略。

强女人有明确的生活态度，有足够自立的生活能力，对婚姻对异性有着游刃有余的聪明智慧。作为女人，女强人不是人人做得，游历社会要有强悍的作风和能力。但强女人却人人做得，只要你有一颗足够强势的心！

女强人希望全世界都以她为荣，但强女人只需要让自己最爱的那个男人以她为荣。自强但不争强，是一个女人获得幸福的基本元素。

女人，时时要记住：不做女强人，要做强女人！

女人要敢于抗争，好日子不是忍出来的

　　每个人都是平等的，都有幸福的权利。好日子靠自己争取，然而有的女人却自己把自己置于卑微的地位。如果别人虐待你，无原则地退让就会变成自虐。对于来自各种环境的不公平待遇，女人要敢于抗争。

　　实际上，给你难堪的人无论是谁，多多少少都会存在一些欺软怕硬的心理。因此，当别人第一次对你做出过分的举动，说一些不得体的话时，可能对方也拿不准你会有什么反应，对这种无礼要求能否得逞并没有确切的把握。在很大程度上，对方只是在试探你，看看你会有什么回应。如果你马上予以反击，让他知道，你不是一个好欺负的人，他就会有所收敛。相反，如果你唯唯诺诺，无动于衷，他知道你是可以任意要弄的"软柿子"，就会得寸进尺，侵占你更多的权益和空间。

当然，除了当面反击以外，你还有很多种方法来平衡心态，维护自己的正当权益。

（1）与他人正面积极地沟通。别人与你之间出现误会或者冲突，是因为你们各自所站的立场不同，并不一定是别人对你本身有意见。当你遭到别人误解时，正确的做法是，等双方都冷静下来后，找一个合适的时间和地点，两人平心静气地坐下来，开诚布公地交流，把事情的来龙去脉理清楚。当双方有了更加客观、全面的认识时，误会往往就能解除了。

（2）注意自己的形象。那些平时性情温柔似水的女人，在家里可以用自己的温柔博取家人的呵护，但是在社会上、在公司里，就不要随时随地都显得像莲花一样娇羞。如果你总表现出一副怯生生的柔弱模样，等着别人来嘘寒问暖、端茶倒水，就很容易招惹一些不怀好意的人。

（3）适时对他人提出警告。生活中总有些人喜欢恶意诋毁、谩骂他人，喜欢对他人发起人身攻击。比如，一些女孩在单位受到了性骚扰不敢张扬，忍气吞声，结果让骚扰者更加肆无忌惮。其实，这种时候女人必须给予对方及时、有力的警告。先礼后兵，既能展现出女性自身的涵养和气度，也能打消对方的嚣张气焰和侥幸心理，让他不敢再胡言乱语、肆意妄为。

（4）请求他人的帮助。在遇到忍无可忍的情况时，你可以当场或者稍候一段时间向自己的亲朋好友、同事领导反映问题，请求他们的调解和帮助。对于女性自身遭受的不公平、不合理待遇，周围的舆论导向和热情声援将是你最大的外来助力和精神支持。

（5）使用法律手段。无论是家庭暴力，还是职场性骚扰，当你遇到身心方面的双重侵害，警告和调解都没有作用时，就必须考虑诉诸法律——提高保留证据的法律意识，搜集好人证物证，进行电话录音，保留骚扰短信，等等，这样才能更好地通过法律手段保护自己。

女人，当你遇到挑衅和冒犯时，千万不要害怕，你不是弱者——只要敢于抗争，你就是胜利者！

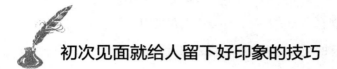

初次见面就给人留下好印象的技巧

　　女人总是和时尚紧密联系在一起的，美女更是时尚的具体体现。以时尚的观念和前卫的思想为例，它们既是解放女人，让女人获得更大自由，感到更多快乐和刺激的理由，也是女人最容易受到伤害的原因。

　　新旧观念，先锋与保守的思想，是女人在社会上交朋结友、发展自己事业的两件法宝。一个思想保守，观念陈旧，没有朝气，缺乏热情和活力的人，是没有前途，没有市场，很难找到志同道合的朋友的人。先锋时髦的观念，是女人拓宽社交面、积极进取、进攻的有效武器。然而保守的观念，近似于封建礼教的思想，也是女人保护自己，免受伤害的最好盾牌。

　　如果一个女孩只有新观念，完全抛弃旧观念，她就失去了回旋的余地，最终会成为前卫观念的陪葬品。女孩们可以用新观念来拓宽自己的交往范围，同时也要用传统观念来维护自己的权益。尤其是遇到那些不愿与其深交的人时，你完全可以以学习、工作、父母之命等原因将对方拒之门外。同样，即使你有了心上人，想一生一世共同走下去，为了不放纵他，为了在你们的结合中更好地体现你的意志、你的愿望，你同样可以利用传统观念来保护自己，甚至把父母的保守思想作为挡箭牌来坚持自己的观点。不能用现代思想武装自己的女人是愚昧的女人，不能用传统的观念保护自己的女人是不明智的女人。

一个人的智商在 20 岁左右的时候就能到达巅峰状态，以后的岁月中如果不进行专门针对发展智慧的训练，智商的发展便停止了，甚至会出现衰退。在这之后，学习的意义就不再是为了促进智力的发展，而是知识面的扩大和经验的积累，女人的这一点表现得更为突出。在这个思想观念泛滥的时代，女孩们千万不要被那些廉价的观念所误导。

女人为了自己的健康，也为了自己将来的幸福，不要无视贞洁观的存在，别让禁果成了苦果。也不要让你将来的丈夫感觉你就像一只别人啃过的烂苹果。否则，他如何去珍惜你，爱护你。

现实的考量并不妨碍女人追求梦想，追求美好的爱情，相反，它会带给你更多好的机遇来实现自己的理想。也许，在别人都不惜一切代价追逐金钱和地位时，新婚之夜还是处子，可能是这个世界上最神圣、最浪漫的事。

要懂得好老婆与愚蠢老婆的区别

一位好的老婆总是拿自己老公的长处与别的男人相比。越比越欣慰，越比越幸福，越比越爱老公：而愚蠢的老婆则总是拿老公的短处和与别的男人比，越比越失望，越比越烦恼，越比越瞧不起老公。

一位好老婆把老公的事业视为自己的事业，鼎力相助。因为她知道，山水相依，山有多高，水有多深；愚蠢的老婆让老公围着自己身边转，而不支持他献身事业，她要求水有多深，山也只能有多高。

一位好老婆看准时机提醒老公疏忽的大事，力争不使老公出现麻烦。因为她清楚，老公一旦被动，自己脸上也无光；愚蠢的老婆总是喋喋不休地挑剔老公的小毛病，使老公常常为一些小事而劳心费神，无暇顾及重要的事情。

一位好的老婆在公开场合总是赞美老公的优点，尽管在枕边她严厉地指责过老公的错误；愚蠢的老婆，总是在公共场合揭老公的短，尽管在枕边她对老公也很满意。

一位好老婆批评老公时，总是持谨慎态度，她常常在老公思想压力最小的时候，说出自己的批评意见。因为他深知，在这个时候批评老公效果最好；愚蠢的老婆常常不管三七二十一，一经发现老公的错误，当即训斥，责骂，搞得老公非常尴尬。

一位好老婆从来不做家庭将军，当老公的事业不顺利或经济拮据时，总是安慰他，为他分忧解愁；愚蠢的老婆把与老公的关系建立在金钱、地位上，稍不如意就骂老公"窝囊废"，搞得老公抬不起头来。

一位好老婆能够帮助老公做一个好父亲，使老公和孩子共享天伦之乐；愚蠢的老婆让老公在孩子面前总是唱"黑脸"，使老公成为惩罚孩子的唯一代理人，破坏了孩子与父亲的感情。

一位好老婆总是把家庭搞得非常整洁，让老公始终在舒适的环境中生活。因为她知道家是抵御外界干扰的屏障；愚蠢的老婆，虽然有条件也不注重家庭卫生，常常使家里乱七八糟，让老公一见就皱眉。

一位好老婆无论是在家还是在外都非常注重自身的衣着打扮和体态仪表，给老公以美的享受；愚蠢的老婆，在家里时不修边幅，尽管外出时也能打扮一下自己。

一位好老婆发现老公不高兴时，想方设法地使老公高兴，使家庭充满乐趣；愚蠢的老婆明知老公烦恼、苦闷也不予以理睬，自己该干什么照样干什么。

自己对照一下，就知道你是以上文字中所说的"好老婆"还是"愚蠢"的老婆了！！！

英国女王伊丽莎白与老公的爱情糗事

　　温柔的女人是最有女人味的女人，也是最有魅力的女人，她们总能以柔克刚、以静制动，取得神奇的效果。在历史上，虽然有许多英雄豪杰在战场上叱咤风云，其英勇几乎有"一夫当关，万夫莫开"之势，可是，只要美女们轻轻地亮一下温柔的剑柄，便使战无不胜的英雄男儿们骨头酥软，魂飞天外，乖乖地做了俘虏，可见温柔的厉害。于是，便有了"英雄难过美人关"的名句。

　　一天，英国女王伊丽莎白与老公闹别扭，老公气得关门不出。半天过去，英女王怕老公在里面闷坏了，心疼地叫老公开门，说："快开门，我是女王。"对方硬是装聋，不开；英女王又说："我是伊丽莎白，请开门。"对方仍不理睬她。英女王灵机一动，温存地说："老公，开门，我是您的妻子。"整日生活在女王影子下的老公，受压抑已久，听了如此温柔的话语，如沐春风，叫他如何不开门，于是忙眉开眼笑地开门迎妻："进来吧，夫人。"

温柔的力量一样无可抵御。

一男青年在拐弯处急刹车时被后面的一辆车撞到了，血气方刚的他想都没想转过头便欲破口大骂，当他回头看到车上坐着的是个妙龄女郎，她正带着歉意的微笑，用柔情的目光看着他时，他先前的恼怒早已烟消云散，脸上一窘，转过头骑车走了，但仍不忘回头多看了那女郎几眼。

一个女人如果有了孩子就完成了一次蜕变，母亲的光辉让她温柔无比。

好莱坞有名的女明星安吉丽娜·朱莉，曾经以豪放叛逆著称，人称"好莱坞发电机"。无论是在工作还是在生活当中，她所表现出来的强大，令许多男人都无法与之相比。但是从她的养子、柬埔寨孤儿马克多斯身上，我们看到了她身上温柔的母性。虽然儿子并非她自己亲生，但安吉丽娜把养子当成掌上明珠，到哪儿都抱着，当她低头望着儿子时，那温存的眼神，让人为之感动不已。因为喜欢儿子马克多斯，安吉丽娜开始喜欢更多的孤儿，后来，这位爱心妈妈成为联合国的慈善大使。为了不让马克多斯孤独，安吉丽娜又收养了一个俄罗斯孤儿。连安吉丽娜自己也说："恐怕除了马克多斯，这个世界上哪个男性也没有得到过安吉丽娜这么多的

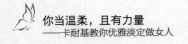
温柔！"

　　温柔，是上天为女人量身而作的服装。女人穿着温柔这件衣服，便在人生的道路上所向披靡。在现实生活中，还有很多女性，把温柔用于工作当中，这令她们在"山重水复疑无路"时获得"柳暗花明又一村"的奇迹。

　　温柔使女人变得善解人意，宽容大度，也使她们更有人情味，更能理解别人的无奈和苦衷，所以，胜利不属于她们还会属于谁呢？这就是温柔的力量，没有声势，没有咄咄逼人，甚至悄无声息，却强大无比，无可抵御。

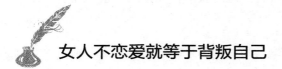

女人不恋爱就等于背叛自己

有人说，女人真正的人生是从恋爱开始。一个会谈恋爱的女人，其柔情世界十分丰富。

把握恋爱的机会对女人十分重要，如何进攻好男人是现代女性经常探讨的话题。成功男人对女人很敏感，过于主动示爱的女人他可能会与之暧昧，但不会珍惜。那些过于矜持的女人，男人为了尊严也不会死死去追。

女人如果对某男有感觉，完全可用各种方式给其暗示。恋爱的关键还不在于开头，重要的在于后劲。

恋爱与婚姻不同。恋爱是两个有感觉的人在碰撞，当两个人的感觉同时碰完并粘在一起时，就会产生婚姻。那些对生活还充满感觉的人不想结婚，他们会在恋爱的风景区久留不去。

男人在事业中陶冶自己的坚强，女人却在恋爱中培养自己的细腻。恋爱是一种教育，没接受过这种教育的人跟文盲没有区别。人的爱心是通过爱建立的，缺少爱的人一定缺少爱心，恋爱使人有爱心。恋爱使女人更像女人。

恋爱与婚姻没有必然的联系，多数人一生会经历很多次恋爱。

女人按感觉挑选自己的恋人。这不是坏事，是女人和社会的进步。

女人可以对恋爱说"不！"，同时也可以按法律程序对婚姻说"不！"。这是权利，女人如果得不到自由恋爱的陶冶，得不到用恋爱来提升情感质量的机会，就可能沦落为生儿育女的机器。自由恋爱不仅使女性从外形上明显产生趋美的变化，同时也让女人心灵之窗大大开放。女性解放，其实很大程度就是女性婚恋观的解放。

女人的青春比男人更宝贵，这是谁都明白的道理。正因如此，不少女人才将自己的青春看得过紧。不少条件不错的女人总是一次又一次错过恋爱的机会，她们老为自己的过分防守找个"宁缺毋滥"的借口。可当岁数偏大时，她们又沉不住气，不是匆匆找个人嫁就是艰难地去和别人竞争已婚男人。这也是"恋爱就必须得结婚"的老观念害的，如果没有这种观念，就不会有过多的心理负担去阻碍年轻时自由恋爱。那时如果积极恋爱，人生就可能是另一种颜色。

　　有些女人总怕恋爱上当，由此而拒绝恋爱，直到最后才发现是上了旧观念的当。

　　如果女人都能站在晚年的角度审视今天的自己，她就会十分清醒。那些整日整夜打麻将、傻痴痴长久盯着电视看而不去恋爱的女人是愚昧的。很多驼背、黄脸和鼓眼的女人，就是这样产生的。

　　恋爱是女人的本性，女人不恋爱就等于背叛自己。恋爱是女人最好的营养。

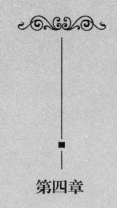

第四章

兰心慧质，要懂得淡定从容

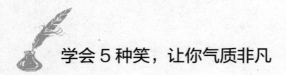

学会 5 种笑，让你气质非凡

　　女人的魅力是可以通过修炼加分和提升的，其中有些分需要花一些时间和金钱，有些则几乎不花钱，甚至不花一分钱就可以获得，比如善用表情。

　　表情是不花一分钱就可以获得的魅力，微笑是上帝送给女人们的一份特别的礼物。

　　女人复杂的笑多是从有情事时开始，这时女人的笑会拨动人，尤其会让男人发烧。

　　越成熟的女人笑越复杂，但这并不影响人们对女人的感觉，只是给人的感觉味道不同而已。女人的笑最少在几十种以上，最有代表性和最打动人的有：

　　银铃般的笑是青春期女孩子的笑，这是豆蔻年华女孩的笑声。如果把女人的声音比作正在开放着的鲜花，13 岁女孩的笑含苞待放，16 岁女孩的笑不断开放，这个过程很像绽放着的花的形状。

醉人的笑是有爱情滋润的恋爱中的女人才会有的笑，是忘我的笑，甜美的笑。热恋中的女人笑得纯粹，笑得让人无限回味。这种笑也是男女之间美妙感情的一个符号。

媚人的笑一般出现在成熟女人的脸上，是张扬和无遮掩的笑。会使用媚笑的女人往往经历过几场情事，懂得使用笑的技巧，能够把握好笑的时间和火候，让男人欲罢不能，魂飞魄散。

狐狸精的笑是迷人的笑，想拥有这样的笑并不难，要先有懂得爱的心。相由心生。如果你真爱身边的男人，就会发出这样的笑。也不排除很有技巧的女人会对几个男人使用这种笑，所以说是狐狸精的笑。不过，男人其实不排斥狐狸精的笑，女人倒应多学这种笑。

含泪的笑是个谜。女人自己也许并不知道含泪的笑对男人意味着什么，但它却是最容易让男人心痛、心酸的笑。坚忍是女人的一大特性。很多时候，女人是很容易受委屈的，她们不能像男人那样强硬，争回公平，更多是忍耐，含笑地面对一切。

会笑的女人生活中应该多去会心地微笑。对于陌生男人，有礼貌地回应，拒绝挑逗和冒犯——笑让女人身价倍增，气质非凡。

每个女人绝对会有适合自己的笑，找到方法，就会有最美的笑。

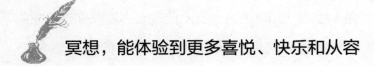

冥想，能体验到更多喜悦、快乐和从容

有一种说法，现代女人每天累到心力交瘁，身心像装满水的杯子，一点刺激都会溢出，让人崩溃。现在的女人的确变得越来越容易烦恼、沮丧、厌倦、自卑了。

女人这辈子，不能只是长好身体，还要长好心，长不好心的女人，也如同没长好身体，是个有缺陷甚至残缺的女人。

冥想是一种有益身心的不错方法。冥想可以让女人的心变得成熟和健康起来，只有心长成了，女人才会平和、积极、淡定，才会有心灵上的力量和承受力，正如长成的身体有肉体的力量和承受力一样。

冥想是停止大脑皮质作用，使自律神经呈现活络状态的一种方式。简单地说，冥想是意识上停止一切对外活动，达到忘我境界的一种心灵自律行为。

这不是一种消失意识，而是在意识十分清醒的状态下，让潜在的意识活动更加敏锐和活跃，是调整与自然界感应的一种方式。

冥想原本是宗教中一种修身养性的行为，现在已经广泛运用在许多心灵修炼方式中。

如果每天坚持做 10~30 分钟冥想，能让身心归零，心会得到充分的成长和调整。心的力量增强了，烦恼、消极、压力会随之化解，人能体验到更多喜悦、快乐和从容。这时你会感受到，每天身边的阳光是那样温暖灿烂，眼前的花草是那样美丽动人。

冥想的方法有很多种，瑜伽冥想、坐禅冥想、芳香姿势冥想、祈祷冥想等等。找到适合自己的冥想方式是最重要的，能让身心感觉舒适的方式是适合自己的。如果冥想的方式不适合，反而对身心成长无益，甚至带来压力和痛苦感，带来更多的负面作用。

进入冥想状态，必须使全身肌肉、细胞和血液循环等都缓慢下来。进入时，不仅会体验到宁静和放松，一段时间后还会源源不断地涌出想象力、创造力与灵感，使人的判断力、理解力都得到提升。

这个过程有些类似人在身体成长的期间，会不断体验到身体获得力量和变化的惊奇和喜悦。

比较常见的冥想方式为：清早，找一个安静的私密地方，

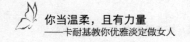

舒服而放松地坐着，闭上眼睛或无目的地凝视外界物体，有意识地放松面部、身体和呼吸，直到心灵完全平静。冥想看似简单，但要真正达到境界却不容易，所以你要学会观察你的想法，不仅要进得去，还要能出得来，要像看一部电影一般，而不是深陷其中，不能自拔。

聪明女人对付情敌的最高原则

不管是相爱还是结婚，男女双方在一起主要讲求的就是信任。信任的缺失，会导致感情的危机。然而，一味的信任也是不可取的，因为不知道在什么时候就会出现情敌。

很多女人，时时刻刻在考察着男人的行踪，让自己从可爱的妻子沦为不可爱的稽查员，其生活有如守财奴，大概乐趣已经很少了。在理论上，妻子应有点本事让丈夫甘心忠贞于她，而不是逼丈夫对她好。妻子大概也不是完全不懂这个道理，但事已至此，也只好盯着他，以防外变，无法顾及理论了。话虽如此，盯着一个人，只能防其身，不能收其心。其理甚明，这种女人的用心，大概与其让丈夫喜欢自己又喜欢别人，不如让丈夫不喜欢别人也不喜欢自己吧。这是玉石俱焚的思想，基本上属于自杀行为。

找到一点蛛丝马迹就大吵大闹，那就太愚蠢了。女人处在这样的困境中，至少要有看到蛛丝马迹而假装没有看见的城府，须知女人从一开始就故意含蓄矜持折服男人，大吵大闹是最不能折服男人的做法。

聪明的女人一生守着欲擒故纵的最高原则，即使到了紧要关头也不例外，因为紧要关头更需要非常的含蓄与矜持才能济事。当有情敌出现时，更是要分析好敌我的地位，投男人的所好，爱不是用嘴说出来的，而是要用行动来表示。所以，除要善用自己性别的特质与魅力外，还要随时随地付出关心，以软化对方的心，并多多制造机会，以减少他和情敌见面，久而久之，他必定习惯于有你的关怀，并喜欢和你在一起，而情敌也会知难而退了！同时，尽量劝老公戴上婚戒，在车中放上两人的合影，在老公办公或其他地方都放上两个人的合照，让其他的女人知道你们的甜蜜程度，这也是心理战。女人只能使男人因喜欢她而守着她，不能使男人因怕她凶而忠于她。

因此，情敌的出现，也让女人更加努力地探求如何面对压力赢得男人，如何再一次激起两个人的感情。从另一个角度来看，情敌出现后，若能够采取比较好的方式、方法，同样也能够增加夫妻双方的感情。不仅考验了两个人，更加考验了感情，更能够增进感情。

懂得宽容是女人成熟的标志

懂得宽容的女人，不但让周围人觉得与之相处如沐春风，自己也活得怡然自得！拥有宽容，可以让女人拥有迷人的风采，由内而外散发出一种从容、祥和与自信，这样的女人才是最美的。

爱心让女人变得宽容，这种态度不仅能让他人释怀，同时也是善待自己。宽容是一种生活艺术、生存智慧，当一个女人看透了社会人生之后，必定会获得一份从容和超然。

苏珊已经76岁了，她甚至做梦也没有想到，在她孤零零地一个人度过了40年后的今天，还会如此幸福地享受到人世间最为美好的天伦之乐。

苏珊曾经有一个儿子小约翰，可是在他17岁那年，意外地被一群游荡社会的坏孩子乱刀砍死了。那段时间，她很悲伤，心中也充满了仇恨，每一次看到那些衣着不整、叼着烟卷穿街走巷、狂歌猛喊，甚至脏话连篇的坏孩子，她都有冲过去撕烂他们的冲动，这使她陷入了更深的痛苦旋涡中。后来，在一次"拯救灵魂"的公益活动中，她碰到了保罗，那时他已是一个老得几乎走不动的老牧师了。保罗看到眼含忧郁的苏珊后，便颤颤巍巍地向她走来，并对她说："你的事情我都听说了，怨恨是解决不了问题的，而且你知道吗？这些孩子也非常可怜，因为父母过早地抛弃了他们，人们戴着有色的眼镜来看他们，他们多数人自从出生的那天起便没有尝到过什么是温情，更不知道什么是爱！"

苏珊愤愤地说："可是，他们夺走了我的约翰！"

"那也许是个意外，放下这些怨恨吧，如果你愿意，也许他们都会成为您的小约翰的！"

苏珊听从了保罗的建议，参加了"拯救灵魂"的团体。她每个月都要抽出两天去附近的一家少年犯罪中心，试着接近这些曾经让她深恶痛绝的孩子。开始时固然有些不自在，可通过一段时间的交流后，她发现，这些孩子确实不像他们所表现的那样坏。他们渴望爱，渴望温情，有的甚至渴望叫谁一声"妈妈"。后来，苏珊还领养了两个黑人孩子。她从他们的身上找到了小约翰的影子。她不但用她的爱心从更深的地方挽救了这些孩子，更找到了她应得的天伦之乐。

在牛津英文字典里，"宽容"的意思是原谅和同情那个受自己支配且无权要求宽容的人。宽容是一个女人成熟的标志。生活在社会里，生活在人群里，总难免有一些摩擦。想不通的事情，换个位置站在对方的角度上去思考、去评判，也许就能找到宽容的依据。如果你能以一种宽容的眼光去看待世界，你会觉得绿水青山、碧云蓝天无一不是令人赏心悦目的彩图。

女人要成为一个生活的智者，就应豁达大度，笑对人生。

说话不要太直，批评要先肯定优点

发现别人犯了错，不会说话的女人会毫无顾忌地说："你错了。"而聪明的女人则不会这样说，她懂得给人留面子，懂得批评的目的是让别人认识并改正自己的错误，而不是要制服别人或把别人一棍子打死，更不是为拿别人出气或显示自己的威风。

聪明女人从来不会把话说死、说绝，使自己毫无退路可走。

20世纪30年代，美国经济危机期间，约翰的家像许多家庭一样陷入了贫困之中。约翰是家中最小的孩子，他的衣服和鞋都是哥哥姐姐们穿小了的，传到他这里，已经破烂不堪。

一天早上，他的妈妈递给他一双鞋，鞋子是褐色的，脚趾部分非常尖，鞋跟比较高，很显然是一双女式鞋。他虽然感到很委屈，但是他知道家里确实没有钱给他买新的鞋子。

快走到学校的时候，他低着头，生怕遇到自己的同学，笑话自己。可是，突然，他的胳膊被一个同学抓住了，只听对方大声喊道："哎！快来看哪！约翰穿的是女孩子的鞋！约翰穿的是女孩子的鞋！"约翰的脸刷一下就红了，他感到既愤怒，又委屈。

就在这时，杰瑞丝老师来了，大家才一哄而散，约翰也乘机回了教室。

上午是杰瑞丝老师的课，她问大家想不想听有关牛仔的生活和印第安人的故事，大家都说想听。于是，杰瑞丝老师给大家讲起了有关牛仔的生活和印第安人的故事，大家听得津津有味。杰瑞丝老师有个习惯，就是边走边讲。

当她走到约翰的座位旁边，她嘴里仍旧不停地说着。突然，她停了下来。约翰抬起头，发现她正在目不转睛地注视着自己的那双鞋，他一下子又感到无地自容。

"牛仔鞋！"杰瑞丝老师惊奇地叫道，她惊讶地大叫道，"哎呀！约翰，这双鞋你究竟是从哪里弄到的？"

她的话音刚落，同学们立刻蜂拥了过来，他们羡慕的眼神让约翰快乐得近乎眩晕。同学们排着队，纷纷要求穿一穿他的"牛仔鞋"，包括先前嘲笑他最厉害的那位同学。杰瑞丝老师没有直接对嘲笑约翰的那位同学说："你错了。"因

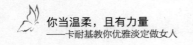
为那样会让约翰更没面子，她采取了一个特殊的方式，保全了约翰的面子。

批评的目的是教育，方式不当的批评容易让人觉得丢面子。记住：永远不要在公共场合或当着第三者的面批评别人。同时，在批评的时候，最好肯定一下别人的优点和长处，这是让人保住面子的最好方法。

一些女人喜欢直言快语，有什么说什么，从来没有什么忌讳。这种性格虽然没什么不好，但是很多时候，直言快语如一把刀子，易伤人——一些女人说话随意，不考虑对方的反应，不考虑说出的话会导致什么后果，常给自己惹来不必要的麻烦，给自己的人际关系造成伤害。

如果你是一个平时喜欢直言直语的女人，就要在以后生活中有意识地改正这一缺点了。

初次见面就给人留下好印象的技巧

无论是哪个女人，和知心朋友见面都会很开心和放松，然而和素不相识的人会面总会感到局促和紧张，并且顾虑重重。

和初次见面的人面对面谈话，是一件不好受的事。因为两人之间的视线极易相遇，而导致两人之间的紧张感增加。因此，在见面之前，最好先拟订好一套推销自己的计划，按部就班地实施。

巧妙地介绍自己的名字。与人初次见面时，想让对方记住自己，最简单的办法就是让对方记住自己的名字。比如，你可以对自己的名字做一个简单但容易被别人记住的介绍："我姓王，国王的王，每个人都是自己世界的国王！"

呼叫对方的名字。欧美人在说话时，常说："史密斯先生，来杯咖啡好吗？""史密斯先生，关于这一点，你的想法如何？"将对方的名字挂在嘴边。令人不可思议的是，此种做法往往使对方涌起一股亲密感，宛如彼此早已相交多年。其中一个原因就是，他感受到对方已经认可自己。

记住对方所说的话。尤其是兴趣、嗜好、梦想等，对对方来说，是最重要、最有趣的事情，一旦提出来作为话题，对方一定会觉得很愉快。招待他人或是主动邀约他人见面，事先多少都应该先收集对方的资料，此乃一种礼貌，也更容易引起别人好感。

不过分掩饰自己。不要掩饰自己，把自己真实的性格展现给对方。我们不想让对方看透自己，觉得对方发现自己的弱点是个糟糕的后果，可是，这样做的结果是你束缚了自己，也不可能畅所欲言、自由表现。把性格的真实一面展示给对方，就不会有太多的顾虑了。

坐在对方旁边的位置。和初次见面的对方要增加亲切感时，最好避开和他面对面的交谈方式，而应尽量坐在他旁边的位置。

与人初次见面，获得别人好感的不二法门自然是把话说得巧。通常那些社交关系广泛的女人，都是言谈灵活，初次见面就能给人好印象的女人。

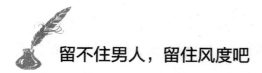

留不住男人，留住风度吧

女人失恋时，周围的人会劝她：留不住爱情就留住尊严吧！

实际上这句话没有多大的实用价值。在失去他时，保持自己的尊严，说得容易，可恋爱中的女人做不到。

更多的女人会说："我宁可失去尊严，也不想失去他，失去他我根本活不下去。什么尊严，我在他面前早就没有尊严了。我都不想活了，还要什么尊严？"

这是一个女人的爱情观。但你是不是就此认为失去尊严、毁坏自己就能换回他的回心转意怜香惜玉了呢？当然不可能。

女人和男人的爱情观是相同的：对一个完全让自己失去了敬意的男人（女人），是毫无爱的价值的。如果选择在这个时候死缠烂打，除了让对方更加从心里瞧不起和厌恶你之外，不会有任何效果。或许他还会后悔：面对这么无赖的女人，为什么没早点选择分手？

爱一旦消失，你的离开对他只是一种解脱，你的人间蒸发是他早已求之不得的美事，你采取何种方式发泄不满他都不介意，重要的是不要让他再见到你！你的挣扎、你的眼泪、你的一切一切悲恸欲绝，是你的事，无关他的痛痒。有爱时，冷血的动物也是多情款款；无爱时，多情种子也成冷血动物！男人女人，都是一样，只会心甘情愿为所爱的人付出爱！

女人，没有原则，没有自我，便没有独特的魅力。

恋爱中的女人一定要谨记：不要轻易对男人说出"非你不嫁"的话，因为那完全有可能成为男人轻视你的爱情证言。

敢爱敢恨的女人值得尊敬，可现实情况是，大多数女人的爱和恨是分离的，敢爱的女人不一定有敢恨的勇气，敢恨的女人又容易丧失继续爱下去的魄力。于是女人感叹：在爱里，想做个勇敢的女人真是不易！

所以，退而求其次，留不住男人，留住风度吧。留住风度，便有了重新获得爱的资本。失恋时的崩溃，会让女人在男人心目中的最后一点美感也荡然无存。与其被他轻视，不如轻视他，人的生命很长，想想看，也许这一生遇到的男人中，他是好的，但一定不是最好的！

学会用美女的心态去迎接幸运之神

　　用心经营美女的一生，既要享受每一天，又不能因为一时一地的快乐而忘乎所以。所谓经营，就是有目的地结交朋友，结交知心密友，既要耐心等待，又要有意识地走出自己生活、工作的小圈子。

　　多一个朋友，你的社交圈就会扩大一倍，多一个知心密友，你的能力就会增加很多。每一个新朋友都可能给你带来一个新世界、一个新天地。所以，你要用美女的形象、美女的心态，经营出丰富的人脉。人是社会动物，要热心与人交往，善于与人交往，用心与人交往。丰富的人际网络会给你带来无穷的快乐。它不仅让你长见识、增才干，还会让你的生活更充实，更有意义。同样，也会让你的举止更得体、谈吐更具亲和力，把你锤炼成一位成熟的美女，眼界开阔的美女。

有了成熟的性格和开阔的眼界，你才能慢慢地去经营自己的地利与人和。与同性朋友交往，可以不计较才能、家庭环境。与异性朋友交往，样样都得有讲究。不要将时光浪费在没有意义的社交中，要坚决杜绝与自己不愿结交的人来往，绝不做自己不愿做的事。健康的社交活动中不存在任何责任和义务。在这个问题上，不与任何人妥协。给好朋友做陪衬也应遵守这些原则，可以有一两次的例外，但绝不可以有第三次。并且要让别人知道，你是一个有"原则"的人。这样可以免去你很多麻烦，避免很多登徒子的骚扰。阅人无数也是一笔财富，它可以使你反应更快，看人更准。

有时，耐心等待也是女人的一种优点。要相信，每一个女人都可以梦想成真，但是要有足够多的时间、足够宽的生活面和足够的耐心。在你还没有找到自己的理想生活时，你可以边走边欣赏人生的美丽风光，但不要停下脚步，不可怠倦，要继续前行。前方的风景会更美。此时，你要留意的是，别走错路，别心急，属于你的东西，永远是属于你的；不属于你的东西，永远不属于你。即使你忍不住伸手拿来了，最终还是要还给别人。你只能静静地等候，保持那种可以省视的美的心态，直到天时、地利、人和，挟持着属于你的幸运之神在你面前降临，你会感叹，多么诡秘的人生，多么美好的人生。

　　错一步，就有可能与幸运之神擦肩而过。只有保持那种虔诚的、美的心态，才会与他不期而遇。上苍有眼，老天是公平的，每个人的一生都有一个谜底，或迟或早要被揭开。所以，要有一颗等待的心，静候的心。拥有一种美的心态，让美女在人们的品味中，更有味道。是美女，终归要翻身，翻身的美女更美。

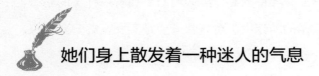

她们身上散发着一种迷人的气息

懂得品味生活的女人是生活的艺术家，她们对生活不苛求，但她们更懂得如何调色生活，品出平凡中的甘甜。生活在女人手中是一杯茶，懂得品味的女人，才能得其精华，让生命的清香在体内萦绕不绝。

生活中，什么样的女人身上散发着诱人的女人香，是那些懂得品味生活的人，她们有一双善于发现的眼睛和一颗感恩的心。即便在忙碌乏味的日子里，她们仍然能够发现定格在生活空间里的瞬间的美好。

比如，公交车上亲密的情侣脸上洋溢出来的醉人的笑，道路旁年轻的母亲牵着咿呀学语的孩子在蹒跚学步，夕阳里年老的伴侣拉着手在散步。再比如，公司里那个和自己有点小过节的同事，有一天不计前嫌地帮助了你；有一天你的老公忽然送你一束玫瑰花，对你说亲爱的，今天是我们认识五周年纪念日；工作了一天，累得腰酸背疼的你倒在沙发上，儿子懂事地跑过来说，妈妈，我给你捶捶背吧；平常日子里，手机里偶尔收到好友一声轻轻的问候……这都是生活中的真实片段，很平淡，却很美好，美好得让人感动。

生活是要品的，就像有人喜欢品茶、品酒、品咖啡，当你细细品味的时候，你会发现生活中除了平淡和琐碎外，其实还存在着那么多的美丽片段。只有懂得品味生活的女人才能在生活中保持独有的魅力。生活就是一个百味瓶，甜酸苦辣样样有，同样的事，不同的人品出不同的味儿，就看我们用什么样的心态去承受，用什么样的心境去感受和体味，用什么样的角度去看待。以一个乐观优美的姿态去对待生活，生活回报给你的必定也是美好。

懂得品味生活的女人是善解人意的，她懂得老公在外面为了生活而奔波忙碌，要忍辱负重，要坚强执着，身上背负着太多的责任。所以，她从来不抱怨他没有太多的时间陪自己，也从来不向他提一些无礼不切实际的要求。当他累的时候，她会端上一杯茶，和他谈谈工作以外的趣事，计划一下未来的生活。这样的女人是可爱的，她让一切都回归到了简单纯朴中去。

懂得品味生活的女人是独立的，她有自己独立的生活空间，有自己一帮朋友。但她会在周末约上一两个知心好友去

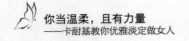

逛街，会在闲暇的时候去健身，也不忘及时去充充电。这样的女人身上有一种淡定和从容，她们的生活也许波澜不惊，但她们是美丽的，她们身上散发着一种迷人的气息，这就是女人味。

懂得品味生活的女人是自信的，自信是女人一面美丽的镜子，能够照出女人身上的光彩。懂得品味生活的女人是坦然的，以平常心对待得失和成败，她们活得更加真实和自然。懂得品味生活的女人是智慧的，她们懂得善待自己，想方设法让自己保持在最佳状态，享受生命的美好……

第五章

品位制胜，让女人美丽的法宝

学法国女人做个姿态优雅的美人

　　最美的女人姿势也是优美的，也许她体形略胖或瘦一点，但是姿势一定是优美的。好的姿势不仅是女人外在美的基础，也表现着女人对生命的态度和对未来的追求。

　　相对来说，女人身体的结构、比例等条件往往比较固定，但姿势却因为其独特的动态性而变得更加可塑。姿势与动作不同，动作更倾向于一些涉及全身的瞬间的姿势；而姿势，则是持续的位置状态，如行走、奔跑、站立等等。

　　姿势可以反映出女人的身体素质、思维敏捷度、情绪状态、个人地位和社交状态，甚至还可以反映出性别、年龄和职业。有一次，一位朋友说："一个女扮男装的人，即使她外表装得很像，也能很容易看出来。只要看她走路的姿态就可以了，女人与男人走路的方式是不同的。一般来说，如果不是长时间刻意地模仿、练习，是很容易被看出的。"

女人的姿势真是优美而独特的。

身心和谐的女人，姿势是柔和舒展的；积极进取的女人，姿势是挺直端庄的；心胸豁达的女人，姿势是雍容饱满的；优雅高贵的女人，姿势是优美动人的；善良温柔的女人，姿势是柔美感人的。

在法国，经常看到街上无论高矮胖瘦的女人，总是举止优美、步履轻快，站着时身体笔直，走路时抬头挺胸，即使穿着普通的服饰，也让人觉得是优雅的。

许多女人不大注意姿态，习惯性地弓背、叉腿；即便穿着一身名牌，走路却左摇右晃，两肩不平；脚尖内八字或外八字；双臂有时会像机器人似的摇摆。这些姿势会让女人的美感大打折扣。

姿势是女人灵魂和内在精神的物化，女人的姿势、品质和性情应该是和谐统一的，寻找和修炼适于自己风格的姿势，是魅力女人一门重要的修炼课程。

一个优雅的女人不仅仅要学会怎么站、怎么行走、怎么坐卧，还要学会日常工作生活中常有的姿态，比如携带和提拿物品、下蹲、读书、打字、打电话和讲演等的姿态。

要做一名优雅的女人，可以想办法在家里安装一面足够大的落地镜子，以便经常在镜子前练习最佳的基本姿态。

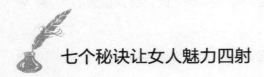

七个秘诀让女人魅力四射

现实生活中，如何提高自己的品位，让自己魅力四射呢？告诉你七个秘诀：

第一，清新爽洁自己的脸。一张美丽的脸，最最要紧的是清新爽洁。这方面应该注意的是，不要用脸盆洗脸，因为洗掉的污垢有可能再回到脸上，这样就不会清洗彻底。你应用温水洗脸，保持水龙头开着，早晚两次必不可少。

第二，试着走近艺术。在床头搁本喜欢的画册、美文集等，晚上拧亮台灯在若有若无的轻音乐声中翻阅，既可以让人平和宁静，又可以让你深感贫乏的知识教养有所提高。假日里，去美术馆、音乐厅感觉艺术气息，拉近自己和艺术的距离，试着让自己成为一个充满艺术气质的人。

第三，掌握流行品位。生活的各个方面都存在着流行，发型、饮料、音乐，你不应拒绝流行，但也不要盲目跟随潮流，在流行中迷失自己，要懂得利用余暇充分享受流行的乐趣，懂得让自己与流行保持距离，使自己能够随心所欲地掌握流行。流行可以开拓生活领域，在流行中会让人生活得更加愉快。通过看电影、电视，通过和朋友交流，通过阅读杂志，通过画展，通过博览会甚至通过逛街了解流行、感受流行，又凭自己的喜欢选择流行，这样才会使你保持既现代又古典的魅力，才会让你自己始终保持好奇心。

第四，拥有专长。不管研究文学、外语还是美容、烧菜，只要是自己喜欢的东西都可以尽情尝试，若是能在学习以外拥有一项得意专长，不仅可令朋友羡慕，更能令你闪闪发光。

第五，优雅的仪态。同样坐或立，有人显得平淡无神，而有人就传递出一种清新的气息，让人看着舒服。正确的坐姿应紧缩小腹，放松肌肉，轻轻舒缓肌肉，让它在全然轻盈的状态之中呈现出最好的效果。正确的站姿是：胸部扩张，背脊伸直、下巴收缩、收小腰、双腿内侧使力，脚后跟并拢，膝盖打直，肩膀自然下垂，不须使力。这样人看上去才会觉得挺拔、优雅。

第六，给自己做一个合适的发型。要想使自己更具魅力，应根据不同的情况，如运动或看电影，简略地利用一些小技巧改变发型的风格，例如，改变头路，或用丝巾包结或卡个小发卡让它与服装结合起来更合宜、更协调，人便也生动许

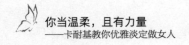

多，并且还时常能让人惊喜。其实，这种技巧倒不是很难，重要的是细心、用心，想得到就学得到、做得到。

第七，心中有旧衣。一个有品位的女人之所以能妩媚迷人，除了气质、礼仪外，服饰也是很重要很精彩的部分。实际她并不花费很多的钱用于购衣，但买衣时总是想到家中的几件衣衫怎样搭配、是否协调，这样购衣便不会冲动与盲目，也不会使衣橱中乱糟糟，出门总是"缺一件"。无论流行什么风格，有魅力的女性总是看重传统的扬长避短论，专选能烘托体型、烘托气质的那种。

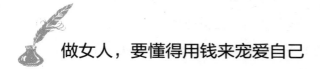

做女人，要懂得用钱来宠爱自己

女人爱花钱，但只有极少数的女人敢于大胆给自己花钱。从一个女人逛街购进的物品中，便能够看出这个女人对自己的爱有多少，女人用购物的方式成全了自己花钱的欲望，但值钱的物品全是买给身边这个男人的……

男人说：女人是种自私而且自恋的动物，永远把自己摆在第一位。

女人说：我们其实无私得很，却得不到理解，郁闷！

大多数男人都不了解他们身边的女人，虽然这个女人有可能是自己同床共枕的妻子。不想特意描画女人的伟大无私，但确实有太多女人永远会把老公摆在自己的前面。

常常见到一些女人，在买了自己心爱的物品之后，会心疼，当然也是开心的心疼，她会说："又花钱了，其实也可以不买的。我决定这个月不再去吃 ×× 了。"

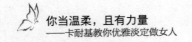
这是个贤惠的女人，也是个傻女人。她给自己的爱是有额度的，一旦超支，必定要赶紧俭省，否则良心不安。但如果是为老公添了新装，即便花再多的钱也会觉得心安理得，因为她对男人的爱是无额度无指标的。

对于一个女人而言，懂得消费金钱，也是一种自我解放的标志。没有女人不爱奢侈品，疯狂购物是一种极好的减压方式。辛苦挣来的钱大把大把撒出去，换回一堆外人眼中毫不实用的"摆设"，那种感觉简直妙不可言！

喜欢花钱的女人很多，舍得花钱的女人很少，舍得无所顾忌地给自己花钱的女人少之又少。对自己大方的女人一定比对自己抠门儿的女人过得舒服。女人，都渴望有个宠爱自己的男人，等他来安慰自己柔弱的心，但是，没几个女人想得到，自己要靠自己来宠！

做女人，要懂得用钱来宠爱自己！

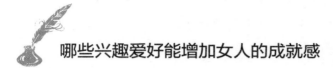

哪些兴趣爱好能增加女人的成就感

　　女人做自己喜欢的事情，使自己的兴趣广泛一点，多涉猎一些雅的、俗的，能给人生增添无限的乐趣。

　　一个多才多艺的女人，容易产生成就感，易被社会接纳。因为她能赢得社会的赞誉、周围人们的欣赏；能做到厚积薄发，触类旁通，愉快地编织自己的网络，萌生出新的乐趣；易发现别人不易发现的智慧和美。有时，在别人一筹莫展之时，她却能畅通无阻，勇往直前。在别人遇到危难、难以前进时，她却能履险如夷，跨越艰辛。

　　你可以为文，可以做事，可以读书，可以打牌，可以创造，可以翻译，可以小品，可以巨著，可以清雅，可以不避俗，可以洋一点，可以土一些，可以惜阴如金，可以闲适如羽，可轻可重，可出可入，可庄可谐。只要于身心有益，无事不可为。兴趣与快乐是相伴相生的。要热情地培育兴趣，

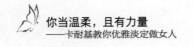
积极地寻觅快乐，主动"创造"愉悦之境。

电影也是不错的选择。爱情片、音乐片、战争片、科幻片、动画片、恐怖片、灾难片、探险片、动作片、喜剧、戏剧、历史剧，各有各的优点，各有各的过人之处。无论哪种电影，无论哪部电视剧，皆有其独到之处。有条件要看，没有条件创造条件也要看。

音乐必不可少。重金属摇滚、蓝调爵士、乡村民谣、古典音乐、流行音乐、民族音乐、轻音乐，能听的最好都要听一听。音乐可以陶冶人的情操，这是不言而喻的。好的音乐让人心旷神怡，感悟生活。所以，如果有条件，就尽量欣赏音乐吧。

爱跳舞，舞蹈给人带来青春的活力。每当耳边响起悠扬浪漫的慢三步舞曲，脚步总会不由自主地滑到舞池，踏着音乐的节奏配合舞伴翩然起舞，尤其是遇到合拍的舞伴，那种酣畅愉悦的感觉堪称一流享受；而随着震耳欲聋、节奏强劲的迪斯科音乐舞动，则可以让你无限放松……乐趣无穷的舞蹈不知不觉中为你增添了青春的活力。

爱上网，网络给自己带来了温暖的友情和写作的动力。网友之间的交流仿佛将你带回故乡的少年时代，这种没有功利色彩的友情令人们乐此不疲。爱游泳、打乒乓球、羽毛球，这些运动项目给自己的生活增添了活力。工作、学习之余，多运动运动，不仅锻炼身体，还能为自己的生活带来不可多得的乐趣，何乐而不为？

爱养花，养花不仅能陶冶情操，丰富和调解人们的精神生活，增添生活乐趣，使人心情舒畅、轻松愉快、消除疲劳，增进身心健康，而且花卉还可以调节气候，净化空气，为人们创造出优美、清洁、舒适的工作和生活环境，使人们生活更幸福、更美好。

爱旅游，它是升华心灵最好的法则，就是滋养并支持你的旅行梦。旅行不仅可以让你走遍千山万水，走过丰厚无尽的风景，更可以让你充实心灵、疗养心灵，从而实现个人睿智地成长。世界就像一本书，不去旅行的人只读到了其中的一页。每一次出行，都是一次心灵的历险，一次文化的探索，一次对历史的追寻。

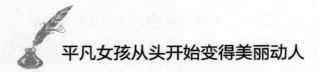

平凡女孩从头开始变得美丽动人

　　女人的美丽，绝对是从头开始的！再平凡的女孩，如果有一头飘逸的长发，也会变得美丽动人起来。亮泽的三千青丝，无疑是女人一道迷人的风景线。而且，除了美丽动人之外，头发的乌黑顺滑，也昭示着身体健康。

　　长发是女人味的源泉，女人的头发就如同自己的第二张脸，拥有一头飘逸的秀发，不仅可以增添自信与魅力，还可以在吸引男性目光方面产生意想不到的效果。长发所表现出的温柔、妩媚的女性美，是其他内在与外在特征都无法超越的。

　　美国佛罗里达州州立大学心理学家凯利·克莱恩博士领导的研究小组，对50名男子进行了一项调查，将同一名女子的发型通过计算机分别处理成长、中、短三种样子，结果绝大部分男子都认为长发的女人最性感。不少男人在感觉女人的吸引力时，经常都是从她的头发开始的。这是因为从背后看女人，头发几乎占了她整体形象的一半；从前面看女人，头发也堪称是"第二主角"。尤其是色泽、香味和动感的完美统一，成为男人无法抵御的诱惑。

头发的诱惑力极大，它与性选择的视觉、听觉、嗅觉、触觉均有关系。很多男人都认为，长发是女人味的源泉。他们对女人歪着头抚弄头发的动作非常敏感，虽然可能很多女性都出于无心，但是大多数男人都会觉得女人的这个动作是在卖弄风情，那种无意之中散发的妩媚与性感会让男人浮想联翩。有意思的是，看到拥有一头充满质感、流光溢彩的青丝，男人也会情不自禁地想要触摸。因为很多男人都觉得这种触摸是神秘、亲近、纯情的交融，而非赤裸裸的"性快餐"，其煽情效果要直接得多。

很多男人对女人头发的愿望和期待，是一头披肩的长发。头发是女人柔情万种的性感工具。女人也许并不知道，当女人的发梢滑滑地扫过男人的肌肤时，有多少根头发便会传递多少缕柔情蜜意。

使一个平庸女人魅力倍增的唯一方法

优雅的声音，使女人的魅力得以完全放射，它是一种能量，一种吸引力，它能达到"不见其人，只闻其声"就产生好感的效果——女人的声音还可以征服男人，也许很多女人还不知道声音这一重大作用吧。

有时，面对美丽的女子，男人会觉得高不可攀，会自卑。但是，面对一个撒娇或甜美的声音，男人会充满自信，会强烈地意识到自己是个大男人，进而在这种思想的控制下怜香惜玉。

能攫取男人心的都是细语柔声、甜言蜜语的声音。最受男人欢迎的女人的声音是温顺、轻柔的声音。聪明女人会在悦耳的声音中注入精彩的人性，让声音形成迷人的风景。这样的声音是最有力的，它能够熔化男人的钢筋铁骨。

优雅女人会时时注意自己声音的力度、音阶和速度。她像一个调音师，时时精心听着每一个音节而奏出整体优美的音乐。温柔的语言、亲切的态度、婉转的音调、平和的旋律，这些加起来，会使一个面貌平庸的女人变得异常有女人味，而且魅力倍增。这样的女人，即使有一天老了，魅力也永不会丢。

那么，女人该如何培养优雅的声音、高雅的谈吐呢？

温婉柔美。温柔的声音，娓娓动听，如高山流水的音乐，美妙绝伦；如林中清脆的鸟声，悦耳动听；如飘溢流香的酒，沁人心脾。温柔的声音是世界上最美丽动听的音乐，令人陶醉。

文雅得体。一个美丽的女人，讲出满口粗俗的话，一定令人失望。优雅得体的言谈要注意说话的语速、语气、语调，说话的内容要注意场合，切忌在公众场合高谈阔论，手舞足蹈。女人讲话可以适当地使用肢体语言，但是过多的动作就会适得其反。

伶俐敏捷。女人说话一般不宜咄咄逼人，不与他人唇枪舌剑。女人发挥才思敏捷的本事，说话有条不紊应答如流的女人，到哪里都受欢迎。

幽默风趣。富有幽默感的语言能使人备受欢迎。俏皮风趣的女人，如跳跃的音符，招人喜欢。做一个风趣的女人，远远比做一个木讷、古板的女人来得开心。

娇语滴滴。女人不宜太强悍，假如遇到难办的事情，发挥女人柔弱的一面，偶尔耍耍孩子脾气，适度地撒娇，降低女人的本事，请有英雄气概的男人帮助，既能给英雄展现风采，又能使你的困难得到解决。在适当的时机适度地撒娇，犹如菜中的调味剂，令菜更加可口美味。

女人如果不注意自己的声音，即使你本身是凤凰最后也会变成乌鸦。有些女人的声音过度刻板，很机械，发声跟电脑程序差不多，完全不能让人产生幻想。失去声音的魅力，就犹如失去女人的特征。

所以，女人应该像训练形体一样训练声音，这样才能增加女人的自信并改变女人的命运。女人优雅的声音就像一种美妙的音乐。

优雅女人怎么站、怎么走和怎么卧

人体的骨架由 206 块骨头组成，骨骼支撑着女人的血肉和灵魂。最美的女人，体态也是优美的，也许她体形略胖或瘦一点，但是体态一定是优美的。体态端正而挺拔，是体态美基本的要素，好的体态不仅是女人外在美的基础，也表现着女人对生命的态度和对未来的追求。

身心和谐的女人，体态是柔和舒展的；积极进取的女人，体态是挺直端庄的；心胸豁达的女人，体态是雍容饱满的；优雅高贵的女人，体态是优美动人的；善良温柔的女人，体态是柔美感人的。体态是女人灵魂和内在精神的物化，女人的体态、品质和性情应该是和谐统一的，寻找和修炼适于自我风格的体态，是魅力女人又一门重要的修炼课程。

女人有静态和动态两种美的形态，女人的曲线、质感、举手投足是最为动人心魄的美，是在两种状态中交替表现出的美，要想获得形态美，要从人体的几种基本姿态做起。

一个优雅的女人不仅仅要学会怎么站、怎么行走、怎么坐卧的基本形态，还要学会日常工作生活中常用的姿态，比如携带和提拿物品、下蹲、读书、打字、打电话、讲演等的姿态。你在家里应该安装一面足够大的落地镜子，以便可以经常在镜子前练习最佳的基本姿态。你还需注意如下的体态问题：

（1）随时注意收腹挺胸。专家的美丽秘诀是"提收松挺、持之以恒"。

（2）感觉脊椎、胸前、尾椎呈一直线，向上牵引，头部朝天。

（3）提拉颈部，舒展盘骨，使颈椎引导脊椎，处于正确的正位状态。

（4）无论是站、坐、行、蹲、抬头或低头，腰、胸、背部都应尽量保持挺直。体态是女性气质所在，挺拔和舒展表现的核心。

（5）避免不良的体态习惯，比如斜肩、驼背、隆腹、罗圈腿、内外八字等。

（6）体态保持端正，动作和谐，避免怪异动作，肢体形态应规范紧凑。

（7）梳理和疏通体内气息，促使内分泌系统正常有序，保持良好和健康的身体机能。

（8）学习正确的体态知识和形体礼仪，诸如如何就座、如何行走、握手、举杯、交谈、接待等姿态的礼仪常识。

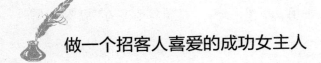

做一个招客人喜爱的成功女主人

一个成功的女主人一定会令人喜爱的。她在处理家庭邀请上有自己独特的一套。

小型聚会，比如普通晚宴，只要口头或电话邀请就可以了。考虑宾客人选时，应当力求将趣味相投的客人邀请在一起。比如，六个来宾中如果有三个人是集邮爱好者，那么对于其余三个人来说，晚宴也许会显得很乏味。还有一点应当特别注意：男客不能把女客丢在一边置之不理。邀请四对夫妻比邀请三对夫妻外加两个年轻姑娘要妥当得多。夫妇俩人一定要一块儿请，未婚夫妻也要尽可能一块儿请，如果主人既认识男方又认识女方，那么一定要一块儿请来。

在女主人的打扮上，服装的式样当然要根据聚会的性质而定。可以有把握地说，在绝大多数场合，男性应当穿他平日所穿的黑色便服，女性也应当穿她平日所穿的各式服装。

当然，盛夏之际，你朋友的父母邀请你到郊外游玩，还是身着便服为好。至于在正规而又隆重的晚会上何种穿戴最为理想，请柬上通常都有说明。

女主人的打扮应尽可能比自己的女客人朴素一点，不能企图在服装上胜过一筹。

应当遵循这一原则：不要把晚会变成炫耀时髦的舞会。无论娇艳华丽的服装多么令人神往，可是节日的目的在于愉快的交往，而不是为了显示宾主衣柜里的珍藏。

客人到来时，听到门铃声，主人应当前去开门迎接客人。此事也可由主人家大一点的孩子代劳。主人应将刚到的客人介绍给在座的其他客人。

主人要等全体客人坐定之后，才能坐下。

和父母同住的年轻人，要主动把自己的同学或同事介绍给父母。如果儿子或女儿邀请几个朋友到家里来做客，譬如说庆祝生日，父母可以不必立刻和客人寒暄，而只须在晚会进行期间，最好是客人到后半小时或一个小时再和客人打招呼。

告别时，要让客人自己开门，否则就会让人觉得你要下逐客令。如果来客不多，主人要帮助客人穿上大衣。当然女主人在任何时候都不应该帮助男客人穿衣，除非客人年事已高，体弱多病。如果来宾并非清一色妇人，男主人送到门口

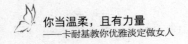

就可以了。

招待客人，要各司其职。有的家庭是丈夫擅长烹饪，妻子承担其他家务。在这种情况下，准备宴席就成了男主人的事情。之所以提到这一点，是想说不要拘泥于"正常分工"。

按"正常分工"，宴请客人应当是女主人操办的事情。女主人负责把客人送的鲜花插进花瓶里，请客人入席，宣布宴会开始。男主人负责介绍客人，安排客人入座以及上饮料、敬烟、递打火机等等。热情周到的主人总是提前准备好一切，不让客人久等。他们对每个来宾都应周到，不能只把注意力集中在某个客人身上。

还有，男主人不能身穿睡衣迎接客人，女主人也不应系着围裙。

美丽的眼睛，能让花心男人变得专一

许多女人的眼睛不一定大但却显得很清亮和深远，能给人神秘感与亲和力。男人非常喜欢探索这种眼睛，它对男人产生的诱惑并不亚于女人的美色。从女人的眼睛里能读出很多东西。女人可以用一个眼神拒绝男人，也可以融化男人。眼睛是心灵的窗户，内心一点点的波动，也会毫无保留地显露在眼睛的神色中。

通常，最吸引男人的有两种眼睛：一种是纯情的水灵灵的大眼睛，这是少女才有的眼睛；一种是媚眼，这是漂亮女人专有的眼睛。媚就媚在女人抛眼神的手法和技巧上。很多男人曾经有过被女人的一个媚眼电晕，晕得甚至不知道自己在干什么的经历。女人抛媚眼的分寸把握很重要，过了会令人恶心、肉麻，分寸恰当才会电力十足。

男人最怕女人"哭"时的眼睛，古往今来，有多少男人倒在了女人的泪眼下。不过，很多女人并不知道，尽管男人怕女人哭，怕被哭得心烦、怕被哭得心软，但让男人最痛心、最心碎的，是心爱的女人把眼泪噙在眼中，含泪的哭，无声的泣。男人知道，那是女人心中淌着有情的泪，不是撕碎了情的号啕大哭。女人扭转身去落泪的一瞬间最动人，最容易击垮天下硬朗的男人。

女人要想征服男人，最好的办法是在自己眼里构筑男人着迷的世界。女人被男人征服，是因为男人有征服女人的能力。男人被女人征服，是因为女人有一双理解男人能力的眼睛。女人的眼睛其实是无边无际的情网，一旦她网住男人，男人就会变成她的羔羊。

在无数种女人的眼睛中，秋水眼绝对迷人。这种秋水眼表面有一层亮闪闪的秋水，那秋水神奇得很，除了无比美丽，还有极强的魔力。它能净化男人的心灵，据说再花心的男人一见这种秋水眼，也会变得专一。

眼睛的美关键在于有神，当然要明眸如水才能传神。一汪潭水清澈荡漾，欲语还休含珠泪。俗话说，一顾倾人城，再顾倾人国。眼睛是最具有杀伤力的器官，面对一双含情脉脉的眼睛，别说是自己，就连柳下惠先生都有可能溃不成军，眼睛的威力不可估量。当然，美丽的双眼不是天生就长出来的，这还得靠后天的栽培浇灌，由内而外全面美丽。

　　大多数女人只注重眼睛外部的美容，但想要拥有一双被称为"美丽"的眼睛，更离不开内部的护理。漂亮的女人都是明眸善睐的，一双水汪汪的眼睛最能打动人，它可以不大，睫毛可以不长，但一定要水灵。含水的眸子脉脉且深邃地看着男人，光对着他不说话，也能让他感受到千言万语在其中，什么英雄好汉来了恐怕都招架不住。如果这眼睛一旦变得干燥，目光混浊涣散，就如两颗陈年的干瘪桂圆没有了神采；一旦患上了慢性结膜炎，血丝一条一条地爬在眼珠子上，就是配上西施的脸蛋儿也没用了。

　　女人那双忽闪忽闪的眼睛，宛如青山绿水、日月星辰，使男人一不小心就掉进去。纵有千般如钢的意志，也在凝视这双眼睛之时，化作绕指柔。

保持一定距离，才能维持爱情的久远

莎士比亚说过这样一句耐人寻味的话："最甜的蜜糖，可以使味觉麻木；不太热烈的爱情，才能维持久远。"

现代人情感研究中心的爱德华在这方面颇有高招：每隔一段时间找个借口外出一次，人为制造一个思念的意境。

爱德华认为，短暂的小别乃是促进家庭亲密的最佳方式。画家必须在孤独时才能有所创作，小说家在孤独时往往才有灵感，而夫妻在分离时更能体会到婚姻的可贵、家庭的温暖以及自身的价值。

刚与丈夫结婚那几年，爱德华也有大多数妻子的那种体验——日子越过越心烦。丈夫身上那些以前被忽视的、不尽如人意处，越来越让她难以忍受，而自己在丈夫的眼里也变得越来越平淡无奇。虽然还像以前那样做菜，丈夫却非说不如以前可口；虽然还像以前那样收拾房间，丈夫却非说不如以前打扫得干净……

有一次，爱德华因公外出一个月。最初几天，她倒没觉得有什么异常感觉，反而感到非常清静。可 10 天没过，她开始思念起丈夫来，而且思念得越来越强烈。说起来也奇怪，以前对丈夫的种种抱怨，此时也被思念冲刷得烟消云散了。想起来的，都是丈夫那神奇的吸引力。

她深深体会到了丈夫在自己生活中的价值和地位。

出差期满，爱德华迫不及待地赶回家。出乎意料的是，丈夫看到她，竟像恋爱时那样，扑上来一把搂住她，热烈拥抱亲吻她。

丈夫热烈的吻，使她明显地感到，丈夫对她的思念决不亚于她对丈夫的思念。

小别胜新婚。妻子与丈夫小别了一段时间，夫妻间就如磁石的磁性被加强了一样，更有吸引力。在丈夫眼里，妻子变得更加温柔妩媚，做的菜也仿佛更加可口，房间也收拾得仿佛更加漂亮明净了。

成功的婚姻不仅要求夫妻双方相互尊重，保持精神上的独立，而且要求双方在感情上有一定的克制，甚至创造一些条件，使双方保持一定空间距离和心理距离。

在这方面，马克思有着深切的体会。1856 年 6 月 21 日，与马克思已结婚 13 年的燕妮因母亲病重，带着 3 个女儿回故乡探望。在这短暂的离别之中，马克思给燕妮写了一封充满激情的信，其中写道：

"暂时的别离是有益的，因为经常接触会显得单调，从而使事物间的差别消失，甚至宝塔在近处也显得不那么高。而日常生活琐事若接触密了就会过度胀大。热情也是如此。日常的习惯由于亲近会完全吸引住一个人而表现为热情，只要它的直接对象在视野中消失，它就会不再存在。深挚的热情由于它的对象的亲近会表现为日常的习惯，而在别离的魔术般的影响下会壮大起来并重新拥有它固有的力量。我的爱情就是如此。只要我们一为空间所分隔，我就立即明白，时间之于我的爱情正如阳光雨露之于植物——使其滋长。我对你的爱情，只要你远离我身边，就会显出它的本来面目，像巨人一样的面目。在这爱情上集中了我所有的精力和全部感情。"

妻子长期与丈夫厮守，相互间的新鲜感和神秘感会消失，爱情的热度也会降低。聪明的妻子们，为了让丈夫不断积蓄新的恩爱能量，可以让丈夫停服几天"蜜糖"，喝上几天"白开水"，这样丈夫会更珍惜"蜜糖"的甘甜。

第六章

做聪明女人，让人从内心喜欢你

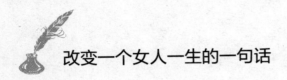

改变一个女人一生的一句话

如果您想在某方面使某人有所进步，那你帮助他时就好像这个方面是他已经具备的优点。

莎士比亚说："设想一种美德，即使你没有也无妨。"

我们可以很好地设想并明确说明，别人有那种你想帮助他提高的美德。让他有一个不能辜负的名声，那他会加倍努力而不愿使你的希望破灭。

乔吉特·勒布朗在其《回忆我和米特林克的生活》一书中描述了一个粗陋的比利时灰姑娘的惊人转变。

勒布朗写道："隔壁旅馆的一位女招待送来了我的饭，她被称作'洗碗女玛丽'，因为她是以食器洗涤宝的帮手开始自己的职业生涯的。她如凶神恶煞，眼睛斜视，罗圈腿，粗俗不堪。

"有一天，当她用红肿的手给我端来一盘空心面时，我

直截了当地对她说：'玛丽，您不知道您所具有的财富。'

"玛丽已经习惯于控制住自己的感情。她等了几分钟，不敢流露出任何表示，唯恐有什么大难临头。然后她把盘子放在桌上，叹了一口气，并且巧妙地说：'夫人，我倒情愿不去相信您说的话。'她并不怀疑，也没有问别的什么，只是悄悄回到厨房，重复着我刚才所说的话。这就是一种信心的力量，从未有人对她这样开过玩笑。从那天起，她开始受到注意。但是，最惊人的变化还是这位笨拙的玛丽本人。由于相信自己身上隐藏着一些未被发现的美德，她开始仔细地打扮起自己来，以使她那萎谢的青春复生光辉并得体地掩饰了她的平庸之处。

"两个月后我正准备离开时，她向我宣布了她同厨师长的外甥即将举行婚礼。'我将成为一位夫人了。'她这样告诉我并向我致谢。短短的一句话竟改变了她的整个一生。"

乔吉特·勒布朗给了"洗碗的玛丽"一个好名声，让她去为此而努力奋斗——而那名誉也的确改变了她。

有一句古语说："人要是背了恶名，不如一死了之。"但给他一个好名声——看看会有什么结果！

差不多每一个人——富人、穷人、乞丐、盗贼——都会极力奋斗，保全别人给予他的好名声。

"如果你必须应付盗贼，"辛辛监狱长劳斯说，"如果你必须应付盗贼，只有一个可能的方法可以制服他——那就是把他当作一个体面的君子来对待他。你必须把他看成是规规矩矩的人。这样，他就会受宠若惊，因此而有所感动，并以别人对他的信任而自豪。"

这些话说得太好了，也太重要了。如果你要影响一个人的行为，而又不想引起反感或冒犯他，记住这个规则：

给人一个好名声，让他为此而努力奋斗。

柏拉图制服愤怒的一句名言

对生活充满感激，而不是动辄发怒。

有的夫妻，从他们邂逅结为知己到白发苍苍相扶而行，一生过得富有诗意，如情鸟相逐，相依为命。即使是这样的夫妻，也难免出现纠葛矛盾。

一个心地正直的人，看到奸诈，听到虚伪的谎话，遇到是非，路见不平也会动怒的。在夫妻生活中出现的种种争吵，在很大程度上是由于微不足道的小事或琐事而引起的。有时是一句话不相投，一件事没办好，一点活没干好，就引起了对方的愤怒，甚而吵架。

夫妻间的关系，很容易在轻易地动怒或发火中毁掉。要想做到夫妻有怒不怒，有火不发，就必须学会锻炼自己的修养。要知道，不轻易发火，胜于勇夫。

街头巷尾笔墨文人，常大书特书古今制怒名言。然而，在火头上却不能控制发怒。夫妻一辈子没红过脸的先例是数不胜数的。即使老公做了令人气愤的事情，也不要动气。"气大伤身后悔难"说的是生气有伤身体。"生气是拿别人的错误惩罚自己"的道理就在于此。

临阵时理智地脱逃，而任性却如脱缰的野马暴跳、奔驰，践踏情感。实际上，战胜愤怒比战胜顽敌还难。当夫妻间出现发火的诱因时，你要按柏拉图一句名言去做，这就是："稍忍片刻。""稍忍片刻"，待理智摆脱冲动时，理智便会制服愤怒。我们主张，三忍而后行，遇怒先不怒。

发怒本身是暴露本性的一种形式。在一个人发怒时，你尽可注意观察他，他的真正品行与性格会真正地暴露出来。发怒时会讲许多气话，而气话本身常常有讽刺、浮夸的味道，易伤害对方的心。

现实中有好多的老公，他们在家里充当了一个和谐派的代表人物，遇到令人发怒的事情时，常常是用忍耐、宽容来对待，其实这并不证明其软弱，只会证明他道德品行高尚。

夫妻间的愤怒，常常蕴含着报复的行为，动怒犹如一把尖刀，刺伤对方的心，这种伤害很难愈合。

在夫妻之间，一旦一方惹恼另一方，应当立即向对方赔礼道歉，破镜重圆，感情复新，尊重如初。夫妻间少一分愤怒，生活便会增添十分的光彩。

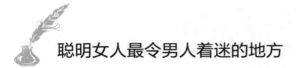

聪明女人最令男人着迷的地方

聪明女人是独立的，她们从来不会忽略自己的存在，她们会静下心来听自己内心的声音。只听自己话的女人，并不是自私的表现，而是对自己本色的一种保持。

聪明女人与好女人的最大不同就是，聪明女人似乎总是充满活力，神清气爽地出现在你的面前；她们总会给人带来刺激，让你神经末梢得到最大限度的运动；她们不拘小节，洒脱随意，与她们相处你不用随时紧张地注意自己的言行举止；偶尔也用东西扔你、打你，或是故意摆脸色给你看，可她们的乐观潇洒让你气过后，眼里看见的仍然全都是她们的可爱。

聪明女人不会屈从大众的审美观点，从不假装淑女，从来不讲究笑不露齿。她们会发掘自身潜在的魅力，无论是鲜明的个性，或是独特的气质。她们只听从自己内心对自己的

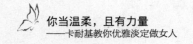

安排，而不是别人的议论。

在 20 世纪的美国有一个非常受欢迎的广播员，她刚走上社会的时候选择了当一个影视演员，因为她认为这样可以让很多人喜欢她，可她怎么演都演不好，只能停留在一个龙套的级别上，后来一位导演问她：

"你从小的梦想是什么？"

"小时候我想当个广播员。"

"那你为什么选择了来演戏？"

"我认为这样更能受到大家的欢迎。"

"不，孩子，你错了，当一名广播员同样可以受到大家的欢迎。"

她听了导演的教诲，决定保持自己的本色，做了一名播音员。结果她成了纽约当时最受欢迎的广播明星。

多听听自己内心的声音，保持自己的本色，那么，不管走到哪里，你都是落落大方的，没有一点矫情的痕迹，像雪地上的阳光清新明亮。

那时，最耀眼的明星就是你。

当你准备为爱而改变的时候，当你决定听从大多数人的意见的时候，请你听听自己内心的声音吧，只有这个声音才是最值得你倾听的，因为这是你魅力的源泉。

聪明女人不会刻意去自我标榜高贵，她们尊重天然的、原始的独特个人魅力。

即使人人都在追逐同一种标准，聪明女人也会坚持只听自己的话，坚持只听来自内心的声音，这才是聪明女人的风格、聪明女人的魅力，而且对于很多男人来说，这正是让他们着迷的地方。

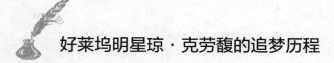

好莱坞明星琼·克劳馥的追梦历程

在竞争激烈的环境下，女人要把自己当作"蓄电池"，用电后要及时补充上，因为优雅的气质与丰厚的知识底蕴是分不开的。

以前在密苏里的一所大学里，有一个女孩经常在晚上独自偷偷地哭泣，因为她实在太孤独了。然而若干年后，兴奋的人群如潮涌向她出现的任何地方，乃至世界上每一个角落，到处都有数不清的人熟悉她的面容和名字。她就是露西尔·莱休——妇孺皆知的好莱坞明星琼·克劳馥。

很早以前，露西尔不得不在斯蒂芬女子学校的食堂里做侍者，以此维持生计，遇到手头紧的时候，她还得向那位守门的妇女借五六毛钱作为零用，她不敢去参加任何晚会，虽然她也接到过请柬，因为她除了同学们送给她的旧衣服，就没有什么衣服可穿了，那时她郁郁寡欢，穷得连一件新衣服也买不起。

可后来，她的衣着是那么时尚和漂亮，世界各地的女人们都热烈地效仿着她，服装商们经常请求她在公共场所穿上他们新设计的时装，因为这样就能立刻使他们的服装畅销。

她对贫困的体会是那样深切，她体会过沦落异乡、孤苦无助的滋味，也体会过身无分文时挨饿的痛苦，她知道从贫困中挣扎出来要承受什么样的艰辛。那时候她生活在俄克拉荷马州的劳顿，和小伙伴们用一些破旧的箱子，在马棚里搭了一个舞台，还点了一盏汽灯来模仿舞台的水银灯，此时当琼·克劳馥学习猫步的时候，她那惊人的事业就已经开始了。稍大一点时，她决心去接受更多的教育，于是就到密苏里州的斯蒂芬女子学校注册，但是她手中一分钱也没有。于是，她穿着别人不要的旧衣服，在学校餐厅做侍者也只是为了免掉食宿费用。

从小到大艰苦的生活也没能摧毁她学习怎样走上舞台的激情。她向人借了点路费，回到了堪萨斯城。她不辞劳苦地工作、攒钱，也锲而不舍地学习。多少年来，她刻苦学习各方面的知识，为了练习唱好各国的歌曲，甚至还学习研究法文、英文，并且开始减肥。她只是为了在歌唱艺术上做得更好。

现在，出身贫寒的琼·克劳馥可以买下任何最昂贵、最精美的东西。虽然她以前并不美丽，可后来她成了银幕上最

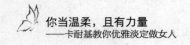
靓丽的明星之一。其实，一切的原因都能在她锲而不舍地不断为自己充电中找到。

许多女人由于对工作缺乏强烈的进取心和上进心，容易满足，再加上烦琐的家务，她们会放弃主动学习。久而久之，因为过于依赖家庭，她们的工作能力就会相对下降，无法满足工作的要求，职业生涯发展也进入了死胡同。她们中很多人并没有意识到，应该不断更新知识以弥补职场发展中的不足。

学习化，不仅是女性在新世纪的最佳生存方式，还是家庭、企业、国家在新世纪的最好生存方式。

一个聪明女人用双手改变了现状

28 岁的布鲁克结婚才刚刚两年。她本来以为找个好人家把自己嫁出去，往后的生活会围绕着丈夫与孩子团团转，一辈子也就这样了。但是，当她真的成家以后，却经常感到很迷茫，觉得浑身不自在。

让她感到糟糕的是，她的丈夫不思进取，每天下班回家后就是打牌、泡酒吧，这让她打心眼里嫌弃丈夫的无能和窝囊，再加上家里的经济条件并不十分宽裕，因此她很不开心，时常唉声叹气。

有一次，她去好友家里做客，诉说心里的烦恼，埋怨自己嫁错了人。好友善意地提醒她："如果你总想着让老公多赚外快，增加收入，那么你恐怕很难感到快乐。既然你自己有理想、有能力，为什么不干脆自己创业或者努力工作呢？"

布鲁克仔细一想，觉得好友的话十分在理，于是她开始留意身边的各种机会。半个月后，邻居准备转让一家餐馆，她就动了心思，打算把餐馆接过来。当时，丈夫和婆婆都不同意，觉得她一个女人能干成什么事。再说，她也缺乏经营经验，而且事情太繁杂，怕她遭罪。但布鲁克坚持接了下来。

为了让这家餐馆顺利营业，也是为了争一口气，她先请了一位手艺高超的大师傅，自己就在旁边认真学习，仔细揣摩。一年之后，她就可以亲自掌勺了。由于她认真负责，餐馆的四川风味又很地道，马上就吸引了大批顾客，她的生意红红火火。

尤其让她感到高兴的是，因为她打开了自己人生的新局面，丈夫也不再游手好闲，时常来帮她招待客人，管理餐馆的大小事务。丈夫在工作中也开始奋发向上。丈夫常感激她，说她让他自己找准了人生方向，就像周华健唱的那首歌："若不是因为你，我依然在风雨里飘来荡去，我早已经放弃……"

如今的他们，在生活中能够互相交流自己的想法和意见，感情也比从前更加融洽了。很多女人，特别是三十岁左右的已婚女性，工作上到了一个瓶颈阶段，在生活中，又和丈夫没有了以往谈恋爱时的激情，因此很容易感到迷茫。她们可能认为自己属于家庭，除此之外没有想过别的什么，也不知道自己还想要什么。

就像布鲁克一样，原本打算做一个躲在丈夫身后的小女人，让丈夫为她遮风挡雨，但是丈夫并不能为她解决所有的问题。当丈夫不能依赖时，她只好依赖自己，创业、经营、扩大规模，她的事业办得有声有色，不仅自己成功了，还改变了丈夫的一些不良习惯，让丈夫积极上进。

这就是一个聪明女人不甘于现状，用自己的能力改变现状的典范。布鲁克依靠自己的努力和打拼，改善了家里的经济状况，心情比以前更舒畅，她感到自己获得了真正的幸福。

女人既需要聪明才智，也需要从工作和事业中发现并找到自我。发挥个人独特的才干和能力，可以给女人带来非比寻常的精彩阅历，也会让女人实现并了解自身的价值和潜力。相比男人，女人同样能够凭借自身的智慧和手段，让自己和家人过上幸福快乐的生活。

聪明女人就是会赞美

别人对一个男人的印象，往往来自他的妻子对他的态度。

谦虚的男人是不喜欢自夸的，但是，如果他的妻子在众人面前为他吹嘘一番，只要她能够保持一种良好的风度，又无伤大雅，还会引起人们的浓厚兴趣，对男人的激励通常会起到意想不到的正面效果。

一位先生因为单位装修需要购进空调，便给一位经销商打电话询问空调的功能，恰遇这位商家的妻子接电话，她代丈夫告诉了一些这位先生想知道的事，然后在听筒中说："当然，对于空调，我丈夫是个真正的专家，如果您愿意让我安排，我可以让他去您的单位看一看，他可以向您推荐最适合您的空调。"

毫无疑问，当那位经销商前往该单位勘察的时候，他们早就因为他妻子对他的"吹嘘"而信任他了。这位经销商所需要做的无非只是看一看，交易便顺利完成了。

一位名人曾说过："没有任何宣传员、推销员、人名记忆机……会胜过一个聪明的妻子。"是的，能够适时适地地为丈夫"涂脂抹粉"的妻子，无疑会更好地把丈夫送上事业的顶峰。

较有事业心的丈夫的妻子，如果能掌握这招"对付"丈夫的绝技，更能为丈夫创造出"高大"的形象。比如，你想拒绝别人对丈夫的邀请，你可以伤心地告诉他："我非常希望他能够和你聚一聚，但是明天可不行，他要同外商谈一笔生意，今天必须做好准备。"或者当与别人谈起你的丈夫时，你有意无意地说出："这阶段他要出版自己的专著，太忙了，连我也很少看到他呢。"

妻子随口说的几句话，可以为人们创造一种心理景象，仿佛她那有为的丈夫必须去做完一件事才有喘口气的机会，从而使别人了解丈夫，并产生更深的敬佩。

对这样的妻子，任何男人都会心甘情愿地拜倒在她的石榴裙下。

有一对年轻的夫妇，两年前还做着零散的短工，后来发现鲜花行业很有发展，就开了一家花店，生意非常兴隆。面对别人的称赞，这位妻子总是说："以前不知道我先生有这么多才能，他实在是没有找到发挥的天地，现在他不但是一个好经理，还是一个优秀的策划。真不晓得他从哪儿学来的知识，能告诉任何一位顾客该给送花对象送什么花。"妻子的夸奖，使那位男人在名气上又增加了不少光彩，也促使花店的生意越来越红火。

每个人都有自己的缺点，但是，男人的错误只会阻碍了前程，而女人的错误，则会影响家庭和社交上的成功，甚至连同男人的事业一起毁掉。

每个男人被认为有所成就，是个能做一番事业的人，大都是他的妻子告诉人们的。可是，在当今并非每一个妻子都能够心怀爱意地在与别人交谈时赞美自己的丈夫，反而常常不厌其烦地把自己对丈夫的不满如数家珍地抖出来。

人都有一种倾向，就是依照外界所强加给他的性格去生活。因此，每个妻子对自己丈夫的称赞，都是对丈夫的一种激励，这比直接"教训"的言语，更能推动他满怀激情地尽力去把事情做好。反之，如果一味暴露、责备、指责，就会使男人的意志更加消沉，更加自卑，更加无地自容，更加不思进取，最终会一无所成。

牢记：女人生命的物质守恒定律

人们总是说付出就会有回报，但是很多时候，我们的付出并没有得到对等的回报。甚至压根就没有回报，更糟糕的是，很多时候，我们的一片苦心会遭受打击和磨难。但是，请你牢记：失去的都会得到补偿。

著名女影星赫本保持着一项特别的纪录：她一生离过 6 次婚，至于经历的爱情当然更难以估算；但从来没有一个人证明赫本曾经求助于心理医生。

一位经验丰富的心理医生不由得感叹："对于那个年代的演艺界的明星来说，赫本确实创造了一个奇迹。"这位医生在半夜经常接到许多著名主持人和影视明星的电话，请求他给予心理上的帮助。这些人富有、漂亮、英俊，拥有名誉、地位和众人的崇拜，他们应该是上帝的宠儿，但是他们却无一例外地遭受着无法自拔的心理痛苦。

"为什么赫本没有呢？她看上去是这么柔弱，更何况她还经历了这么多痛苦？"这不仅是心理医生的疑惑，也是大众的疑惑。

来看看有关赫本的报道：

赫本曾经悄然隐退出演艺圈，时间长达8年，而对于一个在好莱坞大红大紫的影星来说，息影一年的损失相当于洛克菲勒家族在田纳西州封存一口油井。

赫本曾做过67次亲善大使。

赫本在1953—1963年的10年时间里，坚持每个月到监狱、医院和贫民窟做义工或者护理服务。

赫本曾经谢绝贝尔公司1小时5万美元的庆典邀请，而去孤儿院看望可怜的孩子。

或许这些事实能够给赫本的纪录以最好的解释。很多心理医生受此启发，建议他们特殊的病人参加公益事业，后来发现这些病人渐渐消除了烦恼和焦虑，他们变得豁达、乐观，很快就不用求助心理医生了。

虽然他们在慈善事业和公益事业上付出的时间、精力和金钱没有得到物质的回报，但是他们的劳动得到了精神的愉悦，其价值甚至远远超过金钱的回馈。

世界上存在着一条定律：物质守恒。当你的付出没有得到物质上的回报，并不意味失去，即使失去也会得到补偿，不过是另外一种形式，一种更加高贵的形式。

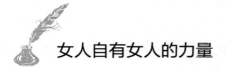

女人自有女人的力量

自我认识是个艰难的过程。

黎巴嫩著名作家纪伯伦说：

"我必须认识我自己，洞察自己那秘密的心灵，这样我便能抛弃一切恐惧和不安，从我物质的人中找出自信，从我血与肉的具体存在中找到我抽象的实质，这就是生活赋予我的至高无上的神圣使命。"

完成这一神圣使命，其意义是非凡的，从自身的角度来说，认识自己，才能扬长避短，从他人，从社会角度来说，了解自己要以别人为标准，反过来，认识别人也常常要以自我为参照。如果不认识自我，缺乏"将心比心"的能力，便很难理解和取悦他人。

因此，作为女人的你，应首先认识自我，从而避免缺点外露，并找到属于自己的那种信心。

卡耐基夫人认为，女人要成为自己，要有自信心，应该与怯懦作战，克服自身的弱点，完善自己的心灵结构。

如此快言快语是酣畅，大有石破天惊之气概，同时，也点中了成功之要害，指明了思想的动力。

卡耐基夫人又说：

"女人自有女人的力量，在头脑，不在四肢，自信能为你撑起一片天。本质上你是个温柔的女孩，就做个温柔的妻子；本质上是个独立的女孩，就做个独立的妻子；本质上是个聪明的女孩，就做聪明的妻子……最关键的是：你就是你。"

梦想在呼唤着我们每个人，它能给我们无穷的享受。

梦想是进取精神的基础，有了梦想，进取方变得具有现实意义。

让心灵在进取的海洋上扬起风帆，向生活的最深处推进。

梦想是进取精神的催化剂，人们因为有了梦想，进取才找到了支点，而后站在杠杆的另一端，将生活撬起来。

在人的心灵中，进取精神是不可缺少的，离开了进取，人的自信就会变成轻狂，失去现实的根基，就变得虚无缥缈。

梦想实际上是一种人的目标意识，它与人的进取精神紧密相连。人们可从中受到的启发是，梦想是对自己现实生活的指导，进取是对实际工作的牵引力。

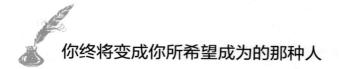

你终将变成你所希望成为的那种人

作为女人，一生中要扮演很多角色。而无论扮演哪个角色，没有自信心都无法成功。自信心是正确认识自己、认识他人的一个前提。

人生有90%的力量，都来自自我暗示和潜意识。而这种内在力量实际上就是自信。你能够克服的困难的大小，取决于你信心的大小；你能够征服的事物的多少，取决于你信心的强弱。

总的来说，自信满满的女人总是比欠缺自信的女人更容易成功，无论是对于学业、事业还是两性关系，这是一条不变的法则。是的，只要你充满信心、积极而热情地投入生活，即使你没有花心思在塑造形象上，出众的气质也会一直跟随着你。

潘蜜拉相貌普通，个头也不高，但她一直对自己十分有信心。她爱自己的方式，就是努力充实自己，让自己受到最好的教育，完全不把重点放在塑造形象上。她在美国常春藤大学读到博士学位，学识渊博，融会古今。她丈夫也是博士，夫妻感情相当好。她的朋友们从未见过她失去信心的时候，无论何时看到她，她总是一副挺胸抬头的姿态，脸上也总挂着自信的笑容。那种从内心流露出来的夺人气质，使人不由自主地被感染，从而完全忽略她形象上的平凡。

有些人之所以无法建立起自信的形象，是因为她们太敏感，很容易受外界影响，总是产生关于自我的负面信息。比方说，这类人会在心里不自觉地和周围人比较，从而找出自身的弱点，如没有别人漂亮，个子没有别人高，能力没有别人强等。把自己看得处处不如人，还未竞争就先在心理上输了，从而变得不能够接纳自己。一旦自己都无法接纳自己，又如何给自己打气，进入这个竞争激烈的社会呢？要知道，有信心都不一定会赢，没有信心又如何能赢呢？

在人的潜意识里，每个人都有一种倾向，即希望自己成为和心目中偶像一样的人——学习偶像。学习偶像是自己关于未来发展的蓝图，它会影响你的态度和行为，体现在学习、择业、交友以及生活伴侣选择等各个方面。因此，如果你希望自己受人欢迎，不妨在心中勾画一个拥有自信、健康、愉快形象的偶像，以此来做学习的典范，引导自己前进。按照这个形象的要求行事，久而久之，你终将变成你所希望成为的那种人。

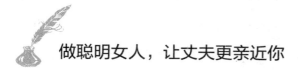

做聪明女人，让丈夫更亲近你

所谓脱离，不是离开对方，而是由原来的亲密变得疏远，热情变得冷漠，积极变得消极。总之，以变化了的状态，来刺激对方的感应。一旦这种感应笼罩在两人之间，那是令人沮丧的。

细心的妻子都会有这样的经验，丈夫前几天还好好的，这两天突然不对劲了——他给予妻子冷落或烦躁，这使自己十分难过。

这时妻子的感应有三种：

她疑心自己得罪了他。努力回顾，也还能找到一些事发的缘由，但又那么微小，她气恼他的狭隘。她也可能疑心爱情受到某种冲击，然后开始认真观察，也还能观察到一些现象，如丈夫见到某个女同事或接到某女士电话所表现的热情。再就是她疑心他出了什么事，甚至闯了什么祸，瞒着她。她会研究他近日的动态，在他从事的一些事情上打转转，或许还真能找到一些问题。于是她焦躁不安。

这时通常的表现是：妻子要询问或试探丈夫。丈夫的回答平平淡淡，申明什么原因也没有。妻子会按照自己的猜测点破些事由。丈夫有可能立即反驳，批评她无中生有；也有可能误入歧途，更感觉该集中精力解决什么。妻子的举措，只能促使丈夫走得更远。

妻子觉得自己既是丈夫最亲近的人，在他的情绪低落时，就该充分表现自己的爱，此时他最渴望的是安慰和关心，爱他的人应该守着他，时刻接受他的感情宣泄。于是，她就这么做。不料，他的反应很糟糕，在妻子不注意他时，丈夫还能够保持沉静，一旦她安慰、劝解，又是无休止地为他出谋划策，他就逃避她。

这时的丈夫，表现为放弃对妻子的关心，独自品尝内心的苦涩，接触些以往不接触的人，或者早出晚归，和朋友喝酒、打牌，有时也出出门儿，离家远些，不愿意见到妻子。

其实这很正常，男人就是有这样的感情需求。他不像女人把爱情看得高于一切，作为精神支柱。他看重的往往是功名利禄、飞黄腾达，在他爱情得到满足之后，他就要回到这个家园，尽管他成就不了什么，但他的精力投入于此，一切的思考、沉默，一切的交际忙碌，都在服务于此。只有在他的这个空间，才更能体现他的男子汉气概。殊不知，男人需要孤立，他要在孤立中实现自我。

每逢这个脱离周期，妻子应该这样做——毫不介意，任他所为，不要为他忧心忡忡，更不要担心自己做错了什么。切不可穷追不舍，也不要对他特殊照顾，权当什么也没有发生。如果在他请求你做些事情，如征求意见、帮个忙、聆听他说话、接待客人、分担某种责任，如接孩子、买东西、看望老人等，你都为他做，但不要显出讨好的样子，要做得自然流畅。

发现他脱离，你就离他远些，兴致勃勃地找女友聊天儿，约同事逛商店，带孩子出去玩，走走娘家，改善伙食。总之，你传达给他这样的信息：你非常愉快，他的情绪一点也不影响家庭。他就非常放心。你不要以为他沮丧时，你愉快是不合适的。如果他爱你，他就需要看到你高高兴兴。这样，他认为自己有能力给妻子带来快乐，给家庭带来幸福，他还是个堂堂正正的大丈夫，虽然是漠然处之，可他心里在感激你。

妻子只要这么做，丈夫就会心生愧疚，他会尽力把自己的情绪调理好，马上回来与妻子亲近。亲近一段时间后，他又要脱离，也许由于妻子的支持配合，他的脱离周期很短，以致妻子往往感觉不到。

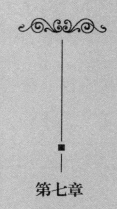

第七章

完美人生，从善待自己开始

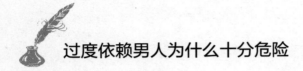

过度依赖男人为什么十分危险

　　女人往往习惯于依赖男人。无论是在经济上，还是在心理上，过度依赖男人都是十分危险的。即使彼此双方的关系十分亲密，即使打算很快就结婚，女人也应该保持相对的独立性。女人要有自己的工作、自己的事业和自己的社交圈，要有一种自立的意识。尽管绝大多数女人在现实的婚姻和经济上都依赖男人，但是别忘了，独立自主的能力对赢得尊重，维护健康的男女关系，有着非常重要的意义。

　　在这个世界上，只有"变"是永远不变的。人的感情也是如此。山盟海誓，可以是一个人当时的内心世界的真实表白，但这绝不等于他会永远牢记自己的誓言，永远会信守自己的誓言。尽管对方认定自己永远会保持对你的爱，但事情总是会处在自然的变化之中。比如你的工作变了、环境变了，思想同样会发生变化。人的感觉当然也不是一成不变的。所以，当他变心时，他会很自然地认为，这都是你已经变了的缘故。你不可能永远19岁，也不可能永远在大学里读书，或永远是模特，永远是体育运动员，永远是空姐，永远是公司里的第一美女。总之，变化是不可避免的，要有预见性，要有先见之明，要有长远的打算。

男女的结合，是寻找生活的伴侣，这个伴侣可能是终身的，也有可能是临时的。每个女人在与男士交往的过程中，不要躺在异性的身上睡着了，以为自己找到了最坚实的靠山，找到了自己的天，自己的地。自己的未来，只能依靠自己，靠自己的眼光，靠自己的先见之明，以及掌控男女关系发展的能力。

喜新厌旧，是男人的天性。女人是感性的动物，男人是理性的动物。但女人常做理性的奴隶，而男人时常做了感性的奴隶。喜新厌旧不完全等同于对感情或婚姻的背叛。对男人表现出的对异性的关注和热情，要有能力进行甄别。文化修养和道德修养，是一个男人能否很好地把握自己，坚守自己对爱情和婚姻的承诺的两个关键因素。一个文化素质低下，缺乏道德约束的男人，是没有忠实可言的。

有些女人，在婚后掌握经济大权，利用经济掌控男人的出轨行为。这是没有办法的办法。一个有良好职业或从事商业活动的男人，要弄一笔出轨或寻花问柳的钱，太容易了。

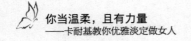

因为这并非要花很多的钱。另外，如果在一个家庭中，让男人掌握财权，女人又不能积极有效地干预男人的所作所为，那她只能永远生活在痛苦之中。所以，一个女人如果在经济上及人格上丧失了独立性，她的婚姻和感情生活可能会被弄得一团糟。没有自主的意识，就没有独立的人格，没有独立的人格，就没有自身的尊严，就不能对男人的言行产生丝毫的约束。

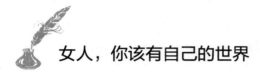

女人，你该有自己的世界

作为一个让人倾慕、受人尊敬、到哪里都受人欢迎的女人，只有惊人的美貌、温顺的性格或非凡的才气还不够，女人要做到内外兼修，同时拥有内在美和外在美，表现得既端庄典雅又紧跟时尚，既温柔如水又坚强刚毅……一个女人，如果在内外兼修的同时，再加上一点点的神秘感，就更加完美了。

神秘感会激起人们的好奇心，驱使彼此互相接触并且深入探索。在这个过程中，如果他人本身就对你很欣赏，就会对你产生更多好感。在此基础上，由于你的神秘性对他人产生了吸引力，他人再通过进一步的了解，会发现你身上更多的闪光点。

贝蒂刚刚大学毕业。来公司报到的第一天，她就让所有的人眼前一亮。她胳膊上搭着今夏最新款的LV，颈项间戴

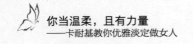
着一条银亮的白金项链，身上是一套简洁而高雅的装束，雪白立领衫搭配黑色过膝长裙，明显是依妙的服装。

大家悄悄地议论着："看她这身行头，一定是有钱人家的阔小姐。"他们都纷纷猜测，但贝蒂自己什么也不说。每次她给家里打电话时，同事们总会看到她恭敬谨慎的神情，让人感到她的家世非同一般。不久，又有人说她是从省城来的高干子弟。

贝蒂确实非同凡响。她的业绩好得让人嫉妒，她往往轻而易举就能拉来许多客户。有些大客户还会专程来请她品茶聊天，但她却很少答应。大部分时间，她都喜欢独自赏画、听古典音乐或阅读世界名著，气定神闲的模样看上去是那么与众不同。

实际上，贝蒂的父母都是普通老百姓，由于前几年单位效益不好已早早退休。但她的神情总是显得从容闲适，言谈举止温文有礼。虽然当初她只是借表姐的仿版 LV 和白金项链用了一段时间，但她却引起了每个人的好奇心："她真的好神秘！"

尽管贝蒂从未编造过关于自己身世背景的谎言，对于同事的猜测和议论更是听之任之，不置可否，但她却成功地塑造了独特的"神秘感"，无时无刻不吸引着别人的注意力，让他们对自己抱有极大的兴趣，想要挖掘出她讳莫如深的秘密。

在陌生人面前若隐若现，跟身边的人若即若离……一个充满神秘感的女人从来不把自己的想法、意见和盘托出，而是有所保留，让你琢磨不透。于是，周围的人会不自觉地前思后想：总是猜不透她的想法，她真是一个难以捉摸的女人。

当然，神秘感并非固定不变，神秘的内容一边不断地被对方所探究和发现，一边又会被新的内容所充实和替换。女人需要不断地用知识和智慧来填充、更新这些内容。

一些徒有漂亮外表、缺乏丰富内心的女人，她的神秘往往只能让人有一时的新鲜感。随着时光流逝，由于知识贫乏、思想浅薄，她们很快就会失去吸引力。

当对方知道了你的一切情况，他对你的兴趣也会急速冷却。对方对你了解得过于透彻，甚至知道你的个人隐私，神秘感就会消失，这对女人绝对没有好处。每个人都应该有自己的世界，有一处不为别人所知的天地。所以，女人必须掌握一些制造、保持神秘感的秘诀。

人际关系专家罗维尔·汤姆斯的鼓励法

一位近 40 岁的单身朋友订婚了，他的未婚妻劝他去学跳舞。"上帝知道，我实在不知道要学跳什么舞，"他在讲事情前后经过时说，"因为与二十年前我第一次跳舞的时候相比，我现在的舞技毫无长进。我请的第一位教师告诉我，我跳的全都不对，我必须忘掉一切，重新开始。这可能是真话，但那让我灰心丧气。我没有勇气再继续跳下去，所以我只好放弃了。"

"第二位教师或许是说了谎，但我很喜欢。她满不在乎地说，我跳的舞或许有点过时，但基本上还是不错的，并且她还让我确信我不必花多少功夫，就可以学会几种新式步法。第一位教师因为挑我的毛病而伤了我的心，而这位新教师正好相反，她不断地称赞我的正确之处，忽视我的错误。'你有天生的节奏感，'她肯定地对我说，'你真是一位天生的舞蹈家。'现在，我的常识告诉我，我以往是、将来也是一个四流的跳舞者，但在我内心深处，我仍愿意相信她说的是真话。确实，我是用学费买来了她的那些话的，但又何必要说穿呢？

"无论如何，我知道我现在跳舞比以前好多了，这都是因为她说我有天生的节奏感的缘故。这句话鼓励了我，给了我希望，促使我努力争取进步。"

如果你告诉你的孩子、爱人或一个下属，说他在某件事上愚笨之极，没有一点天分，他所做的全都错了——你这样说，就等于扼杀了他所有进步的希望和努力。用相反的方法，对他多加鼓励，就可以使事情变得更容易办到，使对方知道你相信他有能力做好一件事，他在这件事上很有潜力可挖——那么他就会废寝忘食，努力把事情办得更好。

这正是罗维尔·汤姆斯所用的方法，他是一位了不起的人际关系专家。他可以使你自强自立，他会给你以信任，用鼓励及信任来鞭策你。

所以，如果你想改变别人而不伤害他或引起反感，就请记住：

多用鼓励，可以使别人的错误更容易改正。

幸运不是等来的，而是自己创造的

好事与坏事都不曾既定，但不同的思想却可以导致相应的结果。

当我们遇到每天都很开心的人时，心里总会产生疑问：她怎么看起来从来都没有烦恼呢？相信每一个人都希望自己是一个开心的人，但事与愿违，漫长的人生中总会出现这样或那样的不愉快，我们到底应该怎样做，才能像某些人一样天天都有一个好心情呢？

要想变得开心，最重要的莫过于保持积极的思想和态度。正如美国心理学家威廉·詹姆斯说的那样，变得开朗的第一秘诀就是装作很开朗。如果你选择积极的思考方式，那么你的人生也将变成积极主动的人生，同时，你还可以真正地把握自己的命运，如此一来，你会发现许多意想不到的好事总会降临到自己身上。

从前，有一个特别幸运的女孩，朋友们都称呼她为幸运女神。比如说，当她用平时积攒的零用钱去百货商场购买自己心仪已久的商品时，那天就会正好赶上打折；考试的时候，试卷上的题目正好在她的复习范围之内；还总能碰到特别好的班主任老师……好像什么幸运的事情都能让她碰到似的。

她的一个好朋友，很喜欢她的洒脱，并且总觉得只要跟在她的身边，就能沾上她的幸运，所以总是和她形影不离。

后来和她相处久了，好朋友才发现其实她的人生也并非一帆风顺，只是每当逆境或者挫折偶然来临的时候，她总是坦然面对，坚信所有的苦难和挫折都是短暂的，并相信一切都会过去，好运就在不远的将来；当身处顺境时，她总不忘说一句"我太幸运了"。

仔细想来，其实每个人的运气也并不比"幸运女神"的运气差。只不过当好事降临到我们身上的时候，从来也没有意识到自己是幸运的。相反，当不幸降临时，我们总是不忘记抱怨："为什么偏偏让我遇到这种事情？我真是倒霉透了。"于是，我的幸运就被满腹牢骚遮住了。

用乐观的心态接受发生在自己身上的一切。当你改变思考方式的时候，以前从未注意到的那些发生在自己身上的事情竟是那么美妙。更加神奇的是，看起来很小的一件事情竟然也可能给你带来惊喜的感觉。

幸运不是等来的，而是自己创造的。

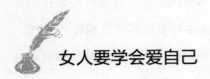

女人要学会爱自己

没有哪个女人是完美的。

不要陷入完美主义的圈套，要学会换一个角度看问题，给自己更多的希望和力量。

视觉上的美丽熟悉之后会变得平淡，感受上的美好却会日益长久。

女人一定要真心地喜欢自己。喜欢自己，并不是盲目自恋，而是能够认识到自己的缺点，坦然地接受自己的一切，不管是优点还是缺点。

真心喜欢自己的人，懂得快乐的秘密不在于获得更多，而是珍惜所拥有的一切。你会觉得自己是那样受到上天的恩宠，是那样幸福地生活在这个世界。这是一份开放的心境，更是你快乐的始点。

具有这样的心境的女人，你对生活、环境、你周围的人，会自然流露喜悦之情，感动自己，影响他人。

没有人可以确切地知道自己是不是真正受人欢迎，但却可以问问自己：我是不是真的喜欢自己？

心理学研究表明，要想别人喜欢你，首先要培养喜欢自己的特性。回想一下，你身边一定有些既不漂亮又不富有的朋友，这些人是你朋友圈子中受欢迎的人，他们就是喜欢自己的人。

心情可以长久地影响女人的容貌。很多女人花了很多金钱，买高档化妆品，做美容，其实调整心情是女人最珍贵的滋养品。心情的好坏，看上去是源自外在的烦恼，事实上是你的一种态度和控制力。

学会接纳自己，接纳自己的缺陷，真诚地喜欢自己，喜欢自己的不完美，喜欢自己的个性。你会发现你不仅拥有更有喜悦感的生活和人生，还会获得更多的魅力。

生命的本性是快乐的，如同绽放的鲜花、激荡的歌曲、迷人的芳香。女人应该善于发现生命的意义，走进自己的内心。有一句人们常说的格言："爱你的邻人如同爱你自己。假使你不爱自己，又怎么爱别人呢？"

女人要学会爱自己，不要怨恨自己，柔软地、温和地关怀自己，学会原谅自己。

印度的奥修说：

　　"学习如何原谅自己。不要太无情，不要反对自己。那么你会像一朵花，在开放的过程中，将吸引别的花朵。石头吸引石头，花朵吸引花朵。如此一来，会有一种优雅的、美妙的、充满祝福的关系存在。如果你能够寻得这样的关系，那将升华为虔诚的祈祷、极致的喜乐，透过这样的爱，你将领悟到神性。"

上帝送给女人塑造美丽的礼物——睡眠

美丽是上帝送给女人的第一件礼物，也是第一件收回的东西，但是看到女人们失去美丽后痛苦悲凉的表情，上帝心软了，又给了她们另一件礼物，那就是睡眠。

即使是普通人，饱睡一场后你也会发现自己在一夜之间突然变美了一些，肌肤紧致，眼睛澄亮，整个人显得神采奕奕。

睡眠为什么会让我们变得美丽呢？原来，当我们进入熟睡状态时，大脑会释放一种特殊的生长激素，促进皮肤的新生和修复，保持皮肤细嫩、有弹性。与此同时，人体内的抗氧化酶活性也会相应提高，从而有效清除体内的自由基，保持皮肤的年轻态。反过来说，如果睡眠不好或睡眠不足，生长因素的浓度和抗氧化酶的质量就会下降，从而引起痤疮、粉刺和皮肤干燥等皮肤问题，眼睛凹陷、黑眼圈更是睡眠不足的首要征兆。

　　此外，睡眠不足还会从许多方面直接或间接影响美丽，直至影响我们的身体健康。

　　睡眠问题会间接导致肥胖。科学研究表明，我们的身体里有一种叫作瘦素的荷尔蒙，这是一种维持身体不至于突然增重的重要物质。当睡眠不足或睡眠质量不佳时，体内的瘦素就会逐渐下降，受此影响我们的大脑就会产生一种很想吃东西的信息，从而大量饮食，多余的脂肪自然会在体内越积越多。

　　睡眠不好的女人更容易衰老。熟睡时，我们的大脑会分泌较多的生长激素，它拥有使细胞再生的能力，可以让我们的肌肤保持年轻光彩、有弹性。反之，当睡眠质量不佳时，肌肤细胞无法进行更新，或者更新速度较慢，我们的气色自然显得又老又暗淡。经常睡不好觉，整个人就会看起来更加衰老。要想保持青春不老，睡眠是首要关键。

　　睡眠不好会让女人情绪变坏。睡眠不好的女人，不但注意力无法集中、精神涣散，也因无法化解积存已久的心理压力，变得很容易出现生气、躁动等情绪上的反应，严重时甚至会引发更多精神层面的疾病，如忧郁症、躁郁症、记忆力减退等等。

　　睡眠不好，容易引发心脏病、高血压、免疫功能失调、内分泌失调、抵抗力下降、糖尿病体质等多种亚健康疾病。

既然科学已经证明睡眠对美容有如此神奇的功效，也对我们的美丽和健康有着如此严重的影响，那我们何不对自己更好一些呢？

临睡前轻轻松松洗个热水澡，最好是泡澡，可以促进副交感神经发挥功效，从而帮助我们入睡。

临睡前做一段柔软操或一些简单的伸展运动，有助于缓解一天下来的紧张情绪，也能让副交感神经发挥作用，帮助入眠。

经常运动的人，不仅早上有精神，晚上也更容易入睡。

晚餐时吃些有利于睡眠的食物。对一般人群而言，牛奶、小米、苹果、核桃、芝麻、葵花子、大枣、蜂蜜、全麦面包、醋等食物都有助于睡眠。而辣椒、大蒜、洋葱、酒类以及所有含咖啡因的食物则会让人失眠，生活中要引起注意。

女人塑造美丽，首先要从营造良好睡眠开始。只要每天保持充足的睡眠并持之以恒，过不了多久，你就会成为睡美人！

自由女人具有的 7 个共同特点

世上的女人很多，但真正能够享受自由的女人却不多。所谓自由并不是任意妄为、行为完全不受约束。对于一个女人来说，只有达到了一定高度的修养，才能享受到真正的自由。那么，什么样的女人才能享受到真正的自由呢？根据我的观察和亲身体会，这类女子的共同特点有以下七条：

第一，她们不会胡乱插手别人的事情。大多数女人都有喜欢管别人闲事的毛病，谁都不想让别人插手自己的事情吧？干预别人的事情，除了招人厌烦外，不会给你带来任何好处。相反，那些默默关注别人事情的女人，比那些总是想要插手别人事情的女人更有魅力。

第二，她们的任何行为都不会被别人的目光所左右。当别人的目光左右不了你的行为时，你才真正地拥有自由。所以，对于别人投来的挑衅、不以为然和蔑视的目光，你都不必耿耿于怀，更不用唯唯诺诺，应当无视这些外在因素，自由地行动、自由地生活。因此，只有勇于承担责任的女人，才是真正优秀的女人。

第三，她们没有贪欲。如果不是自己的东西，那你一定不要产生贪念，更不要迷恋别人拥有的东西。是你的，总归是你的；不是你的，再怎么争，怎么抢也不可能是你的。如果产生了贪念，除了加重你的精神压力，带给你无穷无尽的烦恼外，什么也得不到。

第四，她们都是拥有自由灵魂的神秘女子。如果一个人的灵魂不自由，那么即使行为看似自由，也不是一个真正自由的人。只有先把自己变得如空气般自由，别人才想要进入这一团属于你自己的空气之中，如果你变得像有毒气体那样沉重，谁还想在你身边逗留？要想享受真正的自由，首先要使自己的灵魂得到自由。

第五，她们都认为人生就是一次旅行。我们的人生之路其实就是一段旅程，我们生活在这个世界上，其实就是在进行一次短暂的旅行。背囊越重，肩膀就越酸，脚步也会渐渐沉重。所以，想要继续旅行的话，背上的包裹就不要太多。

第六，她们承认人与人之间存在差异。有时候，对于一件事，谁对谁错是谁也无法说清楚。每个人都有自己的想法和价值观，而每个人的想法和价值观也必定不尽相同。所以，

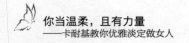

千万不要试图强与自己保持一致而迫使对方改变价值观。如果永远不能承认有不同的价值观，那么你将永远得不到真正的自由。

第七，她们懂得休息的价值。漫长的一生中，休息就是为了做得更好，只有懂得适时休息，才可以更进一步。懂得休息的价值和灵活运用休息时间的女人远比那些拼命想要再多赚一分钱的女人更幸福，人生也更精彩。但是，只懂得休息而不会工作的人就像是没有发动机的汽车，可以说一点用处都没有。我们既要做一个认真的女人，又要做一个懂得放松的女人。

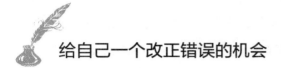

给自己一个改正错误的机会

艾琳娜离婚了。本来为了幼小的女儿，她想维持这段不太如意的婚姻的。可丈夫不予合作，她只好和他分手。在最初的日子里，她的情绪很糟糕。责骂丈夫没有责任心，怜惜女儿失去了完整的家，更为自己孤单的生活感到害怕和恐惧。为此不知流了多少泪。好朋友斯波琳也不知该怎样劝慰她，只能空洞地劝她想开些，往前看。

但过了些时候，艾琳娜从灰暗中走了出来。她平静地对斯波琳说，我终于想通了，还是应当善待离婚。既然已经离了，不想发生的事已经发生了，责骂、后悔和哭泣都没有了意义，不如挺起腰来重新开始。

善待离婚，对女人来说尤为重要。善待离婚首先就是善待已经分手的他。既已分手，再纠缠往事，再去论青红皂白都是没有意义的。一般来说，夫妻之间是很难说清是非的。

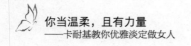

你想去说清，就只能平添烦恼。谁会心甘情愿承认自己错了？谁都觉得自己委屈。尤其是男人，他即使心里有愧，嘴上也绝不会认的。

善待离婚其实也就是善待自己的过去。毕竟你们曾经相爱过，曾经相互给予过慰藉，曾经在一个屋檐下躲过风雨，看过彩虹。你彻底否定他，不也等于彻底否定自己的过去吗？而且否定了，心情又能好转吗？恐怕会更沮丧。

善待离婚也就是善待未来。只有心平气和地将过去安置好，才可能在较短的时间里振作起精神，开始新的生活。离婚又不是患了婚姻绝症，只是一次失误而已。只要你冷静下来，就可以为自己开出药方，治好自己的失误。

善待离婚也包括善待他人。不要因为自己的丈夫对不起自己，就痛恨所有的男人；自己的婚姻失败了，就厌恶所有的婚姻，嫉恨所有完整的家庭。

说到底，善待离婚就是善待自己。不要一味地埋怨自己软弱，埋怨自己无能，埋怨自己瞎了眼看错了人……

谁都有可能失败，谁都有可能抓不住命运的舵。要给自己一个改正错误的机会。何况后来发生的错，并不能证明一开始你就是错的。事物总在变化之中，何况人的感情。

说到底，最好的善待，就是开始新的婚姻。

善待智慧，把聪明用在最需要的地方

一个真正有智慧的女人知道自己应该把聪明用在什么地方，而不是处处耍小聪明。

抓住主要矛盾，把自己的聪明才智用对地方，这些都是生活经验的体会与总结，也是女人在处世、生活、工作中应该遵循的指导原则。

国外旅游回来后，苏珊娜发现积蓄不多了。她很苦恼。"信用卡上的钱已经所剩无几，再交上三个月的房租，剩下这几个星期我就只能天天吃盒饭了。"说来说去，都怪单位的薪水太低。既然这样，她就学学别人"开源"的办法——做兼职。

苏珊娜是一名普通的公职人员，在单位的工作时间很固定，压力并不大，因此她有很多业余时间，精力也顾得过来。两周后，在一位朋友的介绍下，她找了一份文字和数据输入

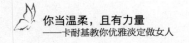

的兼职。每天下班后，她就急匆匆地回家干活，弄完了再直接给别人发过去。

然而，这份工作的报酬并不是很高，依然不能满足她的日常开销。于是，为了多挣点零花钱，她又陆续找了两份兼职：一份是在大商场里做促销小姐；另一份是在西餐厅当服务员。从此，她把下班后和周末双休的全部时间都花在这几份兼职上，没了休息的空当。

到了白天上班时，她总是觉得头昏脑涨，精神不集中，有时候甚至忘记了上司交代的事情。而且，为了按时交活，她不得不利用上班时间赶稿件，把手头工作一拖再拖。天长日久，她的这种工作表现被老板看在眼里。最近，正赶上裁员高峰期，她就被理所当然地炒掉了。

我们每个人都会遇到各种各样的问题，小到日常生活中的衣食住行，大到就业择业、进修深造、谈婚论嫁。那么，女性应该如何运用自己的智慧，谨慎从事，从而做出重大抉择呢？

对于日常生活中极其普通的事情，比如在市场买菜为了几角钱讨价还价，上班前绞尽脑汁地梳妆打扮，等公交车时使出浑身解数去插队，在路上跟陌生人发生冲突就开始唇枪舌剑……这些鸡毛蒜皮的小事，不仅浪费了自己的精力，而且自己还不一定获利，更糟糕的是给人留下一个不好的印象。

因此，生活中的一些蝇头小利的事情，不要那么斤斤计较，完全可以一笑置之，然后抛诸脑后。

如果女人过分地在意某些小事，甚至是微不足道的琐事，就可能习惯于只顾眼前利益而忘记大事，在机遇面前也会习惯性地过分计较个人得失，而不懂得考虑长远利益。

要知道，在你的一生中，工作事业的决策、人生伴侣的选择、幸福家庭的维持，这些需要智慧的地方，才是应该多动脑，勤思考的。

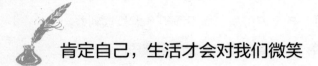

肯定自己，生活才会对我们微笑

　　如果我们相信自己，相信自己的思考能力和判断能力，我们就会愿意对他人敞开心怀。反之，如果我们深深怀疑自身价值，不相信自己所具有的认识能力、判断能力，那么我们的内心自然就会缺乏安全感。这样的心理往往导致了行为结果上的挫折与失败。

　　假设有一个女人，她认为一个男人不可能会喜欢她而不去选择其他的女人，她的自我观念不能接纳这样的可能性存在。同时，作为一个人，她又渴望着爱情。当她找到了爱情，她又做了些什么呢？

　　她可能会不适宜地将自己与其他女人相比。她可能会做出一些荒谬、可笑的蠢事，表现出矫揉造作的优越感，以此来否定内心的不安全感。她可能总是对他说起那些有魅力的女人，而内心则充满了忧虑和猜疑。她可能会带着怀疑、猜妒去折磨他。她甚至可能鼓励他有外遇，其结果是她的爱人和另一个女人爱上了。显然，她的内心遭受了剧烈的挫伤，她感到凄凉、孤独。但是这种情况从某种意义上讲对她又是有益的，即她自己酿成的苦酒将改变以往她对爱情的种种看法。

在现实生活中，每一个人都希望能够完全控制自己的生活，这几乎是不理智的。

特别是当我们还未意识到自己正被内心的自我诋毁、自我破坏的心理活动操纵时，这种不理智的希望可能会导致不理智的行为结果。

控制生活仅仅只意味着实事求是地了解现实，根据我们的实际生活情况，对我们的行为结果做出合乎情理的准确的判断。生活悲剧的发生往往是由于错误地理解"控制生活"，因为我们企图让现实来适应我们的信念，而不是调整信念去适应现实。

当我们盲目地坚持这种信念，缺乏理性地去处理那些取舍都具可能性的事务，那么悲剧就会发生。当我们宁愿坚持自己的所谓"正确认识"而放弃幸福时，当我们宁愿维护我们能够"控制生活"的错觉而不曾注意到现实情况正与我们的认识相违背时，悲剧就会发生。

如果我们不曾知道自己，无意地否定了自我，却又不知

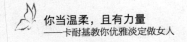
道正自己毁灭着自己时，我们就将成为生活悲剧的主角。

只有当我们意识到了自我毁灭的倾向，才可能设法改变我们的行为。只有当我们了解了自我，我们才会根据了解去行动，才会有维护自我的行为倾向性。

只有肯定自己，生活才会对我们微笑。否定自我的结果，就是给生活带来灾难。

自重自爱，女人关于性的 6 个不要

女人对性有很多误解，这些误解往往会使女人受到伤害，并且后悔莫及。在当前，虽然婚前性行为不必然导致结婚，可许多女人在男人的甜言蜜语中，理性的防御阵地被逐渐攻破，但最后收获的不是幸福，而是苦果。

婚前性行为常使女人蒙受比男人更大的损失。因此，女人一定要自重自爱，筑起坚实的心理堤坝。

（1）不要以身尝试。许多年轻女性对性充满了好奇探秘的心理，在心里朦胧地意识到性的存在，很想尝试一下与男人发生性关系的体验。因此，当与男朋友甜蜜亲昵时，很少会拒绝来自男朋友的要求，在好奇心的驱使之下，偷尝禁果，直到怀孕、流产时才后悔万分。

（2）不要轻信男人的承诺。单纯、善良但缺乏主见的女人，一般会很轻易就相信男人的承诺。虽然她们认为女人

的贞操很重要，绝不会轻易地送给别人。可是，当自己深爱的男朋友提出性要求，并保证一定会娶她为妻时，她们往往会被男友的甜言蜜语、海誓山盟所陶醉，所诱惑。她们认为，男友对待爱情的态度与自己一样非常专一的，因此，经不住男友的软磨硬泡，便答应了。可是，好多情况下，所谓的承诺不过是一种手段而已，有的男人并不会兑现自己的诺言。

（3）不要心软。有的女人担心自己拒绝男友之后，他会伤心，甚至会以为自己不爱他。因此，为了消除男友心中的疑问，为了不让男友失望，她便把自己献给了他，成全了他。可是，女人的善良往往是让自己受伤的根源。

（4）不要以性作为对男人的回报。有的女人被男人的执着追求以及柔情蜜意所打动，在感激他的倾慕、爱恋之情时，在他为自己以及自己的亲戚做了许多事情时，女人感动不已，便把满足对方的性欲望作为答谢其深情厚谊的方式。这种幼稚的想法很不可取，希望其他女性不要犯这个错。

（5）不要以性表示对男人的爱。有的女人认为，自己与男友感情很深，或者自己的条件较男友的条件差，当男友向她提出以实际行动来表示对自己的爱时，她便毫不犹豫地献出了自己的贞操。女人天真地认为，这样可以巩固双方的凝聚力。

（6）不要以性来留住男人。当男人移情别恋时，许多女人痛哭不已。当眼泪、鼻涕实在无法留住男人时，女人便用身体来挽留男人。

　　女人痴心妄想，以为男人会为此所动，改变分手的决定，会继续留在她的身边，谁知，男人并不领情，一觉醒来，该怎么样还怎么样。

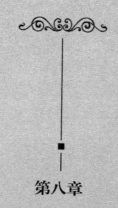

第八章

勇敢做自己，收获幸福和成功

是女人就应努力成为你自己

　　生活为每个女人提供了一个舞台，每个女人都在其间扮演着属于自己的角色。而能否成功地胜任角色，或有出色的表演，并不取决于个人的特点。在事业面前，人与人都是平等的，最终的裁判是走向成功的经历与意志。

　　走上人生的领奖台，对每个人来说都是件难事，这其中最关键的因素是自我认识，并由此产生的自信心。

　　在心灵之中，自信的力量犹如深水下的潜流，其势猛，其劲强，一旦得到合适的条件，便大显威风。

　　自我认识是个艰难的过程。我们必须认识我们自己，洞察自己心灵的秘密，这样才能抛弃一切恐惧和不安。我们从物质的人中找到自信，我们从血与肉的具体存在中找到抽象的实质，这就是生命赋予我们的至高无上的神圣使命。

　　完成这一神圣使命，其意义是非凡的，从自身的角度来说，认识自己，才能扬长避短。从他人、从社会角度来说，了解自己要以别人为标准。反过来，认识别人也常常以自我为参照。如果不认识自我，缺乏"将心比心"的能力，便很难理解他人和被他人理解。

因此，作为女人的你，应首先认识自我，从而避免缺点外露，并找到属于自己的那种信心。

女人要成为自己，要有自信心，应该与怯懦作战，克服自身的弱点，完善自己的心灵结构。女人自有女人的力量，在头脑，不在四肢，自信能为你撑起一片天。本质上你是个温柔的女孩，就做个温柔的妻子；本质上是个独立的女孩，就做个独立的妻子；本质上是个聪明的女孩，就做个聪明的妻子……最关键的是：你就是你。

梦想在呼唤着我们每个人，它能给我们无穷的享受。

梦想是进取精神的基础，有了梦想，进取才变得具有现实意义。让心灵在进取的海洋上扬起风帆，向生活的最深处推进。

梦想是进取精神的催化剂，人们因为有了梦想，进取才找到了支点，而后站在杠杆的另一端，将生活撬起来。

在人的心灵中，进取精神是不可缺少的，离开了进取，自信就会变成轻狂，失去现实的根基，就变得虚无缥缈。

梦想实际上是一种人的目标意识，它与人的进取精神紧

密相连。人们可从中受到的启发是，梦想是对自己现实生活的指导师，进取是对实际工作的牵引力。

人生没有公式，却有答案。设计人生之路的起点不同，形成的人生结局也千差万别。是女人就应努力成为你自己，给世人一种强者的姿态。

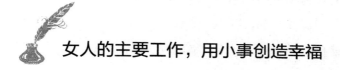

女人的主要工作，用小事创造幸福

一流的女秘书都知道如何让老板喜欢自己。她会细心研究老板的嗜好，知道老板喜欢什么，也知道什么东西会使老板生气。当然，她更知道在怎样的环境下能把工作做到最好——哪怕因此会改变一些自己的嗜好，而使老板觉得舒服。

我们不妨从秘书的工作中学一些相夫技巧。我们同样可以像女秘书替老板工作那样，为我们的老公做同样多的事情。

大凡是那些幸福的家庭，老婆都能很体贴地让老公快乐。

艾森豪威尔夫人说过，记住许多小事来创造别人的幸福，是一个女人最主要的工作。

也许这些小事情并不是想象中的那么小。要养成最好的风度，总是先要做些小牺牲。这是婚姻美满的秘诀。情愿放弃一些自己的爱好，老婆所得到的大报偿与那些小牺牲比起来是很值得的。

奥嘉·卡巴布兰加夫人的先生曾经是古巴的外交官和国际著名的西洋棋冠军，他是一个聪明、灵巧、到处受人欢迎的人。就像许多能力不平凡的男人那样，他对自己的想法非常固执，但是他们的婚姻却非常美满成功——他们享有甜蜜的爱情、浪漫和相互的尊重。奥嘉·卡巴布兰加带给她的老公那么多的快乐，所以她老公有时候也会高兴地放弃一些自己本来执着的意见来博取她的欢心。

她是如何创造这项奇迹的呢？只不过是做些"小牺牲"而已。当卡巴布兰加先生心情不好而不说一句话，她就让他独自去思考，而不会以唠叨来激怒他。她本来喜欢跳舞，但是她的老公却喜爱大部分时间留在家里，所以她心甘情愿地放弃许多迷人的社会聚会。如果她老公不喜欢她穿在身上的衣服，她就马上去换穿一件他喜爱的。她老公是个喜爱哲学和历史的读书人，奥嘉本来只喜欢比较轻松的书本，然而她还是细心地读了老公喜欢的书。

赶上老公的思想，并且欣赏和领会他的谈话，永远和老公保持同步状态，这是建立相互信任的基础。

卡耐基夫人：从自卑原因寻找超越的答案

天下无人不自卑。无论是圣人贤士、富豪王公，还是贫农寒士，贩夫走卒。在孩提时代的潜意识里，他们都是充满自卑感的。

在分析产生自卑的原因时，卡耐基夫人认为主要有两种因素：一是在孩提时代，对自己的弱小有很强烈的感受。二是社会对于个体有着各种的完善追求倾向，使作为个体的人有一种自愧不如的感觉。

这种感觉在女性身上显得更为突出。社会上对于女性的完美追求似乎比男性更高，再加上传统观念对于女性的轻视，这种矛盾导致了女性严重的自卑心理。

自卑的特点是感觉自不如人，低人一等，轻视和怀疑自己的能力。自卑作为一种消极的心理状态，对于成功来说是一个很大的障碍。

如果自卑的程度很微弱，并且自身有着很强的控制能力，那么，这种自卑就非常容易超越，它甚至可以升华为人的一种良好品格：谦虚谨慎，不骄不躁，从而转化为一种进取的动力。

对于一些自卑心理很重，而且根深蒂固的女性来说，超越就不是一件很容易的事了。自卑心很重的女性分为三个部分：

第一，消极认命。她们让自卑的感觉化为现实，承认并接受自己不如别人的事实，并且相信自己本身没有能力。持这种消极观点的女性，容易放弃个人的努力与奋斗，听任命运的摆布，以各种借口自欺欺人，为自己的失败辩护。

第二，自暴自弃。这类女性完全丧失信心，看不到一点光明前途，不惜以错误的方式去补偿自己的自卑心理。她们由于过分自卑，再加上遭受到太多的挫折，于是自毁前程，酗酒、吸毒、出卖肉体，甚至参加一些暴力组织，以破坏来报复社会。显然，这类女性若是执迷不悟，下场将是十分悲惨的。

第三，勇于超越。她们承认自卑的事实，但绝不让这种感觉控制住自己，与其为自卑而悲观丧气，不如变自卑为奋斗的力量，争取成功。

一旦有几个小成功的记录，自卑就会被逐渐超越，自信就会建立起来，持这种态度的女性，不管原来多么自卑，必将立刻成功。

自卑并非天堑，不可超越，主要在于自己。

如果每个自卑的女人都勇于改变自己，那么成功就会逐渐成为事实。

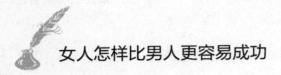

女人怎样比男人更容易成功

女人做事有一个比男人更方便的方法，那就像人们平常出门搭便车似的，我们叫它"搭便车效应"。人们通常更愿意为女人提供方便，这既是对女人的关心和照顾，也是出于安全方面的考虑。在办具体事务时是这样，在人际交往中也是这样。如果我们做任何事都仅仅是凭借自己的力量、个人的能力，那无论是男人还是女人，都不会有太大的作为。

男人要打天下，他们不仅需要有真才实学，还要学会交朋友，搞好人际关系。女人要想闯天下，大可不必将事情弄得那么复杂。要论真功夫，或拉帮结派，很多女人都不能与男人比。但是，如果学会了"搭便车"这一招，那就没有多少男人可以与女人比了。女人若是能利用这种"搭便车"效应将自己的劣势变成优势，往往会比男人更容易成功。

那么，怎样才能"搭便车"呢？很简单。比如，作为女人，想进入某个社交圈子，你就很容易找到能将你引进这个圈子里的人。只要是男人能办到的事，你都能办到。你可以要求男同事、男同学带你去。就算你跟他们没有什么交情可言，但因为你是一个女人，只要你提出，作为男人，他们都不便拒绝。如果人还不错，那就会更热心地帮助引见朋友，介绍熟人。就算是让一个完全不认识的男士帮助你，他同样也不会拒绝你。想一想，只要你有这个头脑，这个世界没有你不能去的地方，没有你不能进入的社交圈，没有你不可以参加的酒会，没有你进不去的音乐会，也不会有拒绝你的舞会，只要你开金口，只要你会"搭便车"，你就会发现，在这个世界上，没有你办不成的事。

要成功，一点都不难。之所以很多女人看不到成功的希望，是因为除了极个别的特有灵性、有热情的女人，大多数女人都缺乏"搭便车"的意识，没有积极主动地去努力，而是把希望寄托在永远的等待上。有的人干脆是对任何事情都不抱任何希望。这是许多女人一生都不成功，或一直都生活在痛苦之中的一个重要原因。没有什么是不可以改变的，只要你有改变它的想法，只要你愿意去努力。

人生要奋斗，要往前走，不应该停留在你现有的位置上，尤其是当你还年轻的时候，会"搭便车"，会让你有更多收获，会让你活得非常快乐，并且会改变你的命运。

做现实生活的积极参与者：越努力越成功

有意识地去争取幸运的机遇，而不是非要依赖出色的才能在竞争中获胜。

现代的社会结构已由过去的相对简单化、平面化演变成更加复杂的、立体的、多层次的社会，由此也带来了更多的成功机遇。这使我们可以从多种角度去考虑，什么地方、什么行业、什么活动机会更多，更容易帮助自己成功。有了这番考察之后，就要积极主动地做一名参与者，而不是旁观者。要会抢"镜头"，做"焦点"人物，而不是做观众。

有个女人买彩票，居然连中了两次大奖。这当然是不折不扣的幸运儿，但是如果她根本不去投注站买彩票，怎么会有中奖的可能？一张彩票仅仅 2 元钱，就有了中 500 万元大奖的一个机会。这只是个例子，我们不提倡买彩票。

我们为了一个机遇，为了一项活动，也不妨像买彩票一样，做一点点投入。这种投入不一定要倾其所有，也可以是非常有限的。如果你有多种兴趣、多种爱好，并在这些方面花上一点时间和精力，那么你的生活不仅会变得多姿多彩，更有意义，还有可能成为幸运儿。

更多的成功机遇不是直接的比赛，而是莫名其妙地被人们"聚焦"成了名人，因此也就成了成功的幸运儿。很有可能你就是某个方面唯一的人选，事物发展的轨迹，事态演变的结果，非要把你炒作成一个名人不可，你想躲都躲不掉。

所以，我们强调要做生活的主角，做现实生活的积极参与者，而不是做"看客"和"观众"。女人最大的缺点往往就是做事被动，不愿抛头露面，这是传统女人的"遗迹"。我们应当抹去这些印记，做一个具有现代意识的新女人。未来的世界就是一个明星的世界，会有更多的人进入公众的视野，而不是永远生活在一个缺乏关注的角落。未来的世界里，不分职业、年龄、性别、国籍，只分成功者和不成功者。

一般来说，生活在公众视野里的人物，更能尽自己最大努力来表现自己"真、善、美"的那一面。今天的世界，已经有了足够丰富的物质财富来奖赏更多成功的人。但没有人会将这一切拱手奉献于你。所以，大家应该努力给别人一个尊敬你、欣赏你、发现你、肯定你的机会。只要你成功了，一切美好的词汇都属于你。

人们越努力，成功的机会就越多。并且，成功也不像许多人想象的那么难。要成功，首先要有成功的意识。其次就是端正态度，朝着"成功"的方向走。很多女人虽然想成为明星、名人，可是努力很少，甚至从未努力过。一个人没有成绩，别人是不会将荣誉的花环戴在你头上的。你要给别人一个爱你、追捧你的理由。

我们社会生活的每一个方面，都有一份大奖在等着你。还有许许多多的方面，等着你去开拓，去实践，去创新。很多人成功之时，都是不知不觉的，毫无心理准备的，没想到事情就这么简单。成功者本人也常常会认为，其实很多人比她更优秀。问题是，她干了这件事，并且只有她干了这件事。

中奖不是竞赛的结果，而是由社会的"幸运机制"决定的。一个健康的积极向前发展的社会，必然要在人们需要关注的事物之中寻找体现"真、善、美"的焦点人物，必然要对那些为社会发展、经济繁荣或是道德水平的提升做出贡献的典型人物给予奖励，鼓励更多的人在社会各个领域，勤奋努力，做出更多的成绩。只要我们拥有这种意识，并且积极行动，可能仅仅是一件平凡的小事，都能让你成为幸运儿，这就是中奖法则。

女人，你拿什么作为自己炫耀的资本

谦恭不仅可以使人焕发出美丽的光彩，还可以使人看起来更加亲切、宽厚，甚至超凡脱俗，这就是谦恭的力量。谦恭的人最有人气，因为人们喜欢与谦恭的人相处。

谦恭是一种姿态、一种睿智，不是在势高一等的人的面前畏缩。正是因为许多人无法真正理解它的含义，所以才变得虚荣、自负。

牛顿晚年时说："在科学面前，我只是一个在岸边拣石子的小孩。"牛顿穷尽毕生之力，终于看到了宇宙的浩瀚无际，同时也看到了自己的局限性。也就是说，知识无边，谁也不可能全通，即使有所成就，也只不过是沧海之一粟罢了，又怎能以此作为炫耀的资本呢？更何况山外有山，人外有人！

爱玛是一个长得很漂亮的女人，她最大的愿望就是嫁给一个条件优越的男人。后来，她终于如愿以偿，嫁给了一位收入颇高的医生。自从嫁给了梦想中的男人以后，她就不再工作了，平常只喜欢开着高档车，穿着名牌衣服四处炫耀自己的富裕。

初中同窗会即将举行，这对于爱玛来说可是一个展示富裕的绝好机会，她每天都翘首企盼聚会召开的日子。聚会那天，她特意雇用了一个司机专门为自己开车，当她以夸张绚丽的服饰入场时，久违的同学们都围着她，纷纷恭维她的幸福生活。看到同学们眼中流露出的羡慕神情，爱玛的虚荣心得到了前所未有的满足。

在爱玛的同学中，阿尔娃是一个非常低调的人，这是她毕业后第一次参加同窗会。阿尔娃从小家境贫寒，学习一直很努力，每年都获得全校第一名的好成绩，而爱玛的成绩却远远不如阿尔娃。因此，爱玛把阿尔娃作为重点炫耀对象，自以为优越的她甚至怂恿一些同学疏远阿尔娃。不仅如此，爱玛还故意当着阿尔娃的面不断夸耀自己的丈夫，称丈夫一个月给自己带来多么丰厚的家用，而且不久自己也要到医院上班了。

这时，有同学问阿尔娃在哪里就职，她只是很平淡地说就职于一家医院。但是后来，大家得知她正是爱玛的丈夫所在医院的副院长，同学都不禁用诧异而又崇拜的目光打量起阿尔娃来。正是因为她从来都不炫耀自己的成就，大家才不得不用钦佩和欣赏的眼光重新审视这位昔日同窗。

自从那次聚会后，大家争相邀请阿尔娃参加自己的家庭聚会。爱玛的自尊心受到了极大的伤害，为此，她开始催促丈夫换一家医院工作。

一个人的实力到底如何只需要用行动证明，而不是巧言令色地炫耀。只要有真功夫，人们自然会被她的能力与才华所吸引，并给予肯定。

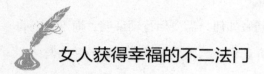

女人获得幸福的不二法门

身在这个竞争激烈的社会，谁也无法避免激烈的竞争和无所不在的压力。现在的职业女性所面临的问题越来越多，越来越难。

这些问题不仅仅涉及单纯的技巧，背后还有复杂而深刻的原因，而且大多数都起源于或反映在日常生活中。因为每位女性在社会中都拥有多重身份，肩负着工作和生活的重任，忙活着大大小小的事情。

同一个女人，在不同的时间和场合，她的身份和职责就会截然不同：在工作场合，身兼助理和主管的责任；回到家里，既是妻子也是女儿……每种角色所承担的责任、发挥的作用，以及体现的个性可能完全不同。如果说人生就像一场戏，那么这场戏中的女人们都是生活中的演员，只是各自扮演着不同的角色。

　　然而，真正的问题在于，伴随着生存压力的不断增大，很多女性往往弄不清楚，或者经常混淆自己的职场角色和家庭角色。

　　比如，她们在下班后还将心理压力和处事方式带回家里，或者上班时将自己在家里的喜好和习惯带到工作中。于是，各种矛盾和冲突就随之产生了。

　　实际上，一个女人要在事业、家庭和人际关系之间建立平衡，彼此并不互相矛盾，完全可以相互兼顾。对于想要获得成功人生的女人来说，这些因素都很重要，而且是缺一不可。盲目地追逐其中一种，就很容易忽略或轻视其他方面，迟早也会引发负面效果。

　　无论是事业、家庭，还是朋友圈、社交关系，我们都需要费心费力好好经营。事实证明，拥有事业的女人同时也能够拥有美好的生活。

　　只有对生活充满热爱，对工作富有激情，才是美好的人生，关键是女性自身对生活、感情、事业的态度以及扮演角色的技巧和成熟程度。

　　每个女人在每个阶段、每个时期的目标不同，对于各个目标的实现就会有先后次序方面的不同。因此，女人要在不同的阶段、身份、地位中扮演好不同的角色，在每一个舞台上都做一个"好演员"，发挥出各个角色特定的个

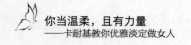

性，实现各种角色特有的价值。这正是女人获得幸福的不二法门。

生活中最好的"演员"，就是那些在事业、工作、家庭、朋友之间，不仅会力所能及地完成自己的事情，尽到自己的本分，而且能够全心全意、尽职尽责地付出。这样的女人，无论在哪个舞台都会是最出色的演员，最闪亮的明星。

一位母亲教女儿的把握幸福婚姻的秘诀

很多婚姻出现问题，甚至最终导致离婚，并不都是因为第三者等外部因素，而是夫妻双方自身的问题。

贝芙莉很爱老公，并且望夫成龙，同时还想牢牢地抓住老公，尤其在自己没有事业依托，而老公又事业有成后，更是将人生所有的重心和希望都寄托于婚姻。然而因为无端猜忌，她们越想抓牢婚姻就越是抓不牢，可以说正是这种心态导致了情感上的失败。

我们身边有不少这样的女子，她们对老公一向奉行"高压和管理政策"，一方面她们不甘心平淡，希望老公成为人上人，于是想方设法、旁敲侧击地施压，给予男人很大压力。另一方面在老公真正成了气候之后，女人往往自己还在原地踏步，于是有了危机感，拼命想"抓紧"婚姻，比如干涉老公的生活，除了管生活小事，还要管他的钱包、社交，就连对方的工作都恨不得插一杠子，管来管去两个人感情越来越糟，可是她们往往意识不到自己有什么问题，反而觉得理所应当，她们认为自己为家、为对方付出了一切，当然应该享受这份婚姻，享受到老公更多的爱。更可怕的是因为对自己缺乏信心，害怕失去对方便无休止地怀疑和猜忌。

可是，她们忘了，她们的爱已经成为一种沉重的枷锁，套在了男人的身上，对方已经感觉不到一丝爱的甜蜜。

其实，女人看重婚姻本没有什么错，只是当你越想牢牢地掌控婚姻，拴住男人的时候，那婚姻却越容易出现危机，那男人反而会离你越来越远。

一个女孩问她的母亲："在婚姻里，我应该怎样把握爱情呢？"母亲没说什么，只是找来一把沙，递到女儿面前，女儿看见那捧沙在母亲的手里，没有一点流失，接着母亲开始用力将双手握紧，沙子纷纷从她指缝间泻落，握得越紧，落得越多，待母亲再把手张开，沙子已所剩无几。女孩看到这里，终于领悟地点点头。

婚姻的道理恰恰在此。要想使婚姻长久、美满、幸福，就学会保持一定距离——别把婚姻"抓"得那么紧！

敢于自嘲自讽，反而显得豁达和自信

　　在社交中，难免出现你掌握的信息与对方有出入的情况。当你没估计到对方是四川人而不喜欢川菜；当你突然说错了话等，这时候，你原来所准备应付的情况全忘记了，也许你一下子会陷入交际的窘境，不知如何是好。而会说话的女人则能借助自我解嘲，化尴尬为融洽。自我解嘲术，指以自我嘲弄的形式，自贬自抑，堵住别人的嘴巴，摆脱窘境，从而争取主动的一种舌战谋略。矜持的女性也不妨放下架子适时采用，定能收到奇效。

　　女人自嘲时，自暴其丑，显示了一个人的大度和坦诚。勇于暴露自己的问题，揭露自己的短处，这样的人往往被人视为可信的人。自嘲术的使用，使辩者能轻松、愉快地正视自己的弱点，摆脱困境，增强自信心、自尊心，在论辩中，又可使气氛活跃。某著名女演员，身体发胖，就经常拿自己的体形开玩笑："我不敢穿上白色游泳衣在海边游泳，我一去，飞过上空的美国空军一定会大为紧张，以为他们发现了古巴。"一句自嘲，并没有降低自己的品位，大家反而觉得这位胖女士有可爱的性格和豁达的心胸。通过嘲笑自己的长相、缺点、遭遇等，可以使自己轻松地摆脱困境，为自己解围，因此，自嘲在应付尴尬境地中有特殊的表达功能和使用价值。

自嘲，是女人幽默的最高层次，口才好的女人以自己为对象来取笑自己，可以消释误会，抹去苦恼，感动别人，并获得自尊自爱。某女作家写作太累，在开会时睡着了，没想到，她的鼾声大起，逗得与会者哈哈大笑，她醒来发觉同志们在笑自己。一位同仁说："身为一个女人，你居然能打出这么有水平的'呼噜'！"她立即接茬说："这可是我的祖传秘方，高水平的还没有发挥。"在大家的哄笑声中解了围。运用自嘲，委婉拒绝，既表达了自己的意图，又使对方乐于接受。所以当交谈陷入窘境时，逃避嘲笑并非良方。相反，你怒不可遏地反唇相讥会遭到更多的嘲讽，不如来个超脱，自嘲自讽，反而显得豁达和自信。这种超脱使自己摆脱了"狭隘的自尊心理束缚"，又堵住了别人的嘴巴。

女人自嘲，能增添情趣。在一些交际场合，运用自嘲可以增添乐趣，融洽气氛，增进彼此的了解和友谊。